高等职业教育工业机器人技术系列教材

工业机器人系统集成技术应用

主 编 许怡赦 冉成科
副主编 曾小波 陈天炎 陈 涛
参 编 朱光耀 滕 云 李 成 罗建辉

机械工业出版社

本书以全国工业机器人技术应用技能大赛使用的 DLDS-1508 工业机器人技术应用实训系统为平台,基于"项目导入、任务驱动"的理念安排教材内容,共分为环形装配检测机构编程与调试、视觉系统编程与调试、四轴 SCARA 机器人上料编程与调试、六轴工业机器人装配编程与调试、按钮灯自动装配与分拣和七巧板自动分拣与拼接六个项目。每个项目均采用实践案例讲解,兼顾了工业机器人系统集成技术的实际情况;每个工作任务均深入浅出、图文并茂,以提高学生的学习兴趣和效率。本书在介绍理论知识的同时力求体现内容的实用性和实施的可操作性,突出实践能力和创新素质的培养,是一本理论与实践结合、全面介绍工业机器人技术应用的教材。

为方便教学,本书有二维码视频、多媒体课件、练习题答案、模拟试卷及答案等教学资源,凡选用本书作为授课教材的教师,均可通过电话(010-88379564)或 QQ(2314073523)咨询,有任何技术问题也可通过以上方式联系。

本书可作为高等职业教育工业机器人技术、机电一体化技术、电气自动化技术等专业教材,也可作为各类工业机器人系统集成技术应用的培训教材,还可作为从事工业机器人系统集成、工业机器人操作和编程等工程技术人员的参考书。

图书在版编目(CIP)数据

工业机器人系统集成技术应用/许怡赦,冉成科主编. —北京:机械工业出版社,2020.10
高等职业教育工业机器人技术系列教材
ISBN 978-7-111-66729-2

Ⅰ.①工… Ⅱ.①许… ②冉… Ⅲ.①工业机器人-系统集成技术-高等职业教育-教材 Ⅳ.①TP242.2

中国版本图书馆 CIP 数据核字(2020)第 189870 号

机械工业出版社(北京市百万庄大街22号 邮政编码100037)
策划编辑:曲世海 责任编辑:曲世海 张 丽
责任校对:肖 琳 封面设计:马精明
责任印制:张 博
涿州市般润文化传播有限公司印刷
2021年8月第1版第1次印刷
184mm×260mm · 13.5 印张 · 332 千字
0001—1000 册
标准书号:ISBN 978-7-111-66729-2
定价:45.00元

电话服务 网络服务
客服电话:010-88361066 机 工 官 网:www.cmpbook.com
　　　　　010-88379833 机 工 官 博:weibo.com/cmp1952
　　　　　010-68326294 金 书 网:www.golden-book.com
封底无防伪标均为盗版 机工教育服务网:www.cmpedu.com

前 言

全国工业机器人技术应用技能大赛的成功举办，对工业机器人技能实训基地建设、技能人才的培养起到了推动作用，在工业机器人技术专业建设和课程建设方面发挥了示范作用。本书以技能大赛设备"DLDS-1508 工业机器人技术应用实训系统"为平台，针对其操作、编程、调试和运行等方面的核心技术，基于"项目导入、任务驱动"的理念精选教材内容。本书紧密结合高等职业教育教学的特点，以工业机器人集成技术所需理论知识与实践操作相结合为出发点，着重实践能力和创新素质的培养，帮助读者学习和掌握工业机器人集成技术应用的基础知识与基本技能，并为进一步学习柔性自动化生产线、智能工厂系统控制与应用以及智能工厂生产与管控打下良好的基础。

本书共分为两部分：第一部分为项目基础篇，在介绍 DLDS-1508 工业机器人技术应用实训系统的基础上，针对工业机器人集成技术应用应具备的"知识点、技能点、技术点"进行了解析，共分为环形装配检测机构编程与调试、视觉系统编程与调试、四轴 SCARA 机器人上料编程与调试、六轴工业机器人装配编程与调试四个项目。第二部分为项目综合篇，以按钮灯自动装配与分拣、七巧板自动分拣与拼接为项目内容，对工业机器人集成系统综合编程与调试进行了综合叙述。

本书由许怡赦和冉成科担任主编。项目一由李成和罗建辉编写，项目二由滕云编写，项目三由冉成科和朱光耀编写，项目四由山东栋梁科技设备有限公司陈涛和曾小波编写，项目五由陈天炎编写，项目六由许怡赦编写。

本书编写得到了山东栋梁科技设备有限公司与 2020 年湖南省哲学社会科学基金项目（基于智能制造教学工厂的智能制造技术专业群建设研究（20YBA190））的支持和帮助，在此深表感谢。另外，感谢竞赛获奖选手张佳铸、赵祥彬、李学良、曹稳鹏、乐国文和周东山的支持。

由于编者水平有限，书中难免存在疏漏及不妥之处，恳请广大读者批评指正。

编 者

目 录

前 言

项目一　环形装配检测机构编程与调试 ··· 1

一、学习目标 ··· 1
二、工作任务 ··· 1
三、知识储备 ··· 2
四、实践操作 ·· 18
五、问题探究 ·· 22
六、知识拓展——多工位转台常用分度机构 ······································ 25
七、评价反馈 ·· 28
八、练习题 ··· 29

项目二　视觉系统编程与调试 ··· 30

一、学习目标 ·· 30
二、工作任务 ·· 30
三、知识储备 ·· 31
四、实践操作 ·· 34
五、问题探究——照明光对机器视觉的影响 ······································ 36
六、知识拓展 ·· 37
七、评价反馈 ·· 38
八、练习题 ··· 39

项目三　四轴 SCARA 机器人上料编程与调试 ································ 40

一、学习目标 ·· 40
二、工作任务 ·· 40
三、知识储备 ·· 41
四、实践操作 ·· 52
五、问题探究 ·· 68
六、知识拓展 ·· 73
七、评价反馈 ·· 74
八、练习题 ··· 74

项目四　六轴工业机器人装配编程与调试 ······································ 75

一、学习目标 ·· 75
二、工作任务 ·· 75
三、知识储备 ·· 76

四、实践操作 ··· 89
　　五、问题探究 ··· 103
　　六、知识拓展——工业机器人在汽车制造业中的应用 ······························· 106
　　七、评价反馈 ··· 108
　　八、练习题 ·· 109

项目五　工业机器人系统综合编程与调试（Ⅰ）——按钮灯自动装配与分拣 ········· 110
　　一、学习目标 ··· 110
　　二、工作任务 ··· 110
　　三、知识储备 ··· 114
　　四、实践操作 ··· 117
　　五、问题探究 ··· 141
　　六、知识拓展 ··· 142
　　七、评价反馈 ··· 149
　　八、练习题 ·· 150

项目六　工业机器人系统综合编程与调试（Ⅱ）——七巧板自动分拣与拼接 ········· 153
　　一、学习目标 ··· 153
　　二、工作任务 ··· 153
　　三、知识储备 ··· 159
　　四、实践操作 ··· 161
　　五、问题探究——工业机器人编程 ··· 185
　　六、知识拓展——工业机器人系统集成介绍 ··· 186
　　七、评价反馈 ··· 190
　　八、练习题 ·· 191

附录　工业机器人实训系统的布局及原理图 ·· 195

参考文献 ·· 210

项目一

环形装配检测机构编程与调试

一、学习目标

1. 了解环形装配检测机构的组成。
2. 了解汇川 H3U–1616MR–XP 型 PLC 和 IT6000 系列触摸屏。
3. 了解汇川 IS620P 系列伺服驱动器。
4. 熟悉环形装配检测机构与外围系统的接口技术。
5. 掌握伺服电动机的工作原理、定位方式、配线、通信方式和参数设置。
6. 能完成触摸屏组态。
7. 能利用上位机控制转盘进行正、反转。

二、工作任务

（一）任务描述

通过上位机实现转盘手动控制，即实现转盘正转点动、反转点动、0°和180°位置寻址、电动机位置清零、电动机去使能、电动机停止等功能操作。

1. 根据任务描述完成伺服驱动器参数配置

1）伺服驱动器默认地址为6。
2）伺服电动机与转盘之间减速机的减速比为1:50。

注意： 伺服电动机运行时，观察转盘位置，有异常情况及时急停，以免出现拉断转盘线气管，以及损坏转盘的现象。

伺服驱动器参数恢复为出厂值，根据任务要求修改相应参数，完成控制要求，并与PLC进行CANLink通信。

2. 根据任务描述完成触摸屏程序编写

根据任务要求完成触摸屏程序编写，使环形装配检测机构能够实现转运功能。
1）PLC 通信方式为 MODBUS-TCP。
2）触摸屏参考界面如图1-1所示。通过触摸屏可控制实现环形装配检测机构正、反转点动，0°和180°位置，电动机清零、去使能和停止功能。

3. PLC 程序编写与调试

根据任务描述完成PLC控制程序的编写与调试，完成环形装配检测机构的手动操作。
1）完成PLC和伺服驱动器通信程序编写，要求采用CANLink通信。

2) 按照手动控制模式工作流程编写 PLC 控制程序。

3) 设置通信地址为 192.168.1.9。

4) 站类型：MODBUS-TCP 主站。

（二）技术要求

1) 用伺服系统软件 InoDriveShop 或面板修改伺服驱动器参数。

2) 设置 CANLink 地址为 6。

3) 站类型：CANLink 从站。

4) 伺服系统通过现场总线方式与 PLC 交换数据。

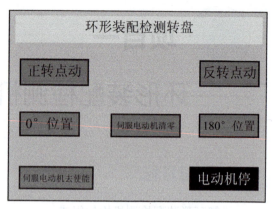

图 1-1　触摸屏参考界面

5) 定义 0°和 180°旋转位置，并能使转盘在两个位置之间正、反向转动。

6) 伺服电动机稳定运行、无异响。

7) 在任何情况下可通过去使能使得转盘立即停止运行。

8) 可控制转盘正向或反向点动。

9) 可根据实际要求重新定义转盘零点位置。

10) 定义零点位置时，根据点动功能可使转盘正、反向轻微旋转。

11) 安全操作环形装配检测机构。

（三）所需设备

环形装配检测机构主要由转盘、安装支架、气动夹具（气夹）、伺服电动机、谐波减速机、检测装置组成，如图 1-2 所示。环形装配检测机构主要负责接收来自四轴工业机器人的按钮灯组件，并将按钮灯组件运送到装配位置。该机构将按钮灯组件牢牢夹紧，防止其在装配过程中移动。装配底座下面设置电源接口，用于检测按钮灯的装配质量。

环形装配检测机构采用伺服交流电动机驱动，用于保证转盘转动角度的准确度。

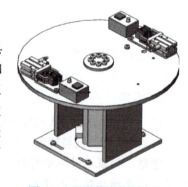

图 1-2　环形装配检测机构

三、知识储备

（一）汇川 H3U-1616MR-XP 型 PLC

1. PLC 认知

汇川可编程控制器（Programmable Logic Controller，PLC）是一种数字运算操作的电子系统，专为工业环境中应用而设计。它主要将外部输入信号（如按键、感应器、开关及脉冲波等）的状态或数值读取后，依据这些输入信号的状态或数值以及内部储存预先编写的程序，以微处理机执行逻辑、顺序、计时、计数及算术运算，产生相对应的输出信号，如继电器的开关、控制机械设备的操作。通过计算机或程序书写器可方便地编辑/修改程序及监控装置的状态，进行现场程序的维护与试机调整。

汇川 H3U－1616MR－XP 型 PLC 共有 16 个输入（X）口、16 个输出（Y）口，输出方式为继电器输出，以太网连接。

汇川 H3U-1616MR－XP 型 PLC 面板如图 1-3 所示，其上下两侧各有一排接口，上端为 PLC 供电电源、内部 DC 24V 电源和输入端接口，下端为 PLC 输出接口。靠近输入/输出接口分别有两排指示灯，用来指示相应的输入/输出端是否有信号输入/输出，当有信号时，对应的指示灯亮；当无信号时，对应的指示灯熄灭。右侧还有一排指示灯，分别用来指示 PLC 电源、工作状态、程序是否出错等。

图 1-3　汇川 H3U-1616MR-XP 型 PLC 面板

2. AutoShop 主界面

如图 1-4 所示，AutoShop 主界面基本包括 7 个部分：菜单栏、工具栏、工程管理窗口、指令树窗口、信息输出窗口、状态栏和工作区。

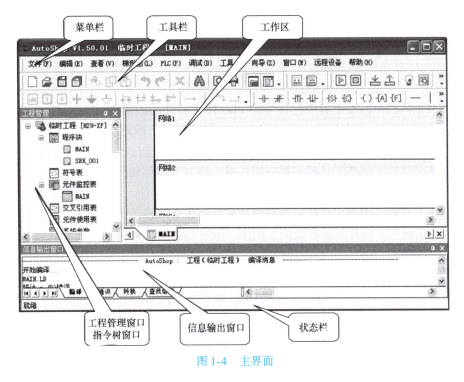

图 1-4　主界面

工程管理和指令树窗口分为工程管理模块和指令树模块。

1) 工程管理模块又分为程序块、符号表、元件监控表、交叉引用表、系统参数、元件使用表 6 大块，通过工程树可以实现以下功能：

① 右键单击工程名节点，在弹出的菜单中可以选择保存工程、另存工程、关闭工程或

修改工程属性等。

② 右键单击程序块节点，在弹出的菜单中可以选择插入子程序或中断子程序。

③ 右键单击程序块下的某个程序节点，在弹出的菜单中可以选择打开该程序、删除该程序（主程序不能删除）或修改其属性。

④ 右键单击其他节点，在弹出的菜单中只能进行打开操作。

2）指令树模块包括 SFC、梯形图、指令表所支持的所有指令。当选择不同语言在编辑窗口进行代码编辑时，指令树的内容会随着当前工作区窗口编辑器的改变而变化。如果当前工作区为梯形图编辑器，指令树将显示梯形图语言支持的所有指令，同样，在选择指令表或 SFC 进行程序编辑时，指令树会显示其对应的指令内容。指令树的使用可以采用下面两种方法：

① 在程序编辑模式下，双击指令树的节点，会弹出指令帮助窗口，用户即可通过窗口生成相应指令。

② 通过鼠标左键选中指令树节点，再按住左键将其拖放到代码编辑区域，如果拖放位置正确，即会弹出指令帮助窗口，用户即可通过窗口生成相应指令。

AutoShop 提供了几个工具栏，其中包含了用于快速访问常用操作的不同命令按钮。这些操作也可通过使用菜单项或预定义的快捷键完成。

工具栏位于菜单栏的下方。默认情况下，所有的工具栏都是可见的。要想隐藏或显示某一工具栏，请在任意一个工具栏上单击鼠标右键，在弹出的快捷菜单中选择/取消某个工具栏。

将鼠标光标放在任一图标上（而不单击它）停留片刻，会出现一个简短的描述文本，称其为工具提示，这些工具提示包括了当前图标的名称。

1）标准工具栏。标准工具栏包含编辑 PLC 程序最常用的基本功能，例如，新建工程、打开工程、保存工程、保存所有文件、剪切、复制、粘贴、撤销/恢复、删除、查找、打印预览、打印、显示/隐藏工程管理器、显示/隐藏信息输出窗口。

2）标签工具栏。标签工具栏主要应用在指令列表文本编辑器中，功能是在文本窗口中使用可供快速定位的标签。

3）编译工具栏。编译工具栏包含编译当前程序和全部编译两个编译最常用的功能。

4）PLC 工具栏。PLC 工具栏提供了操作、访问 PLC 硬件最常用的功能，包括对 PLC 的启停控制、程序的上下载、监控等功能。

5）梯形图工具栏。梯形图工具栏包含编辑梯形图程序最常用的功能。

6）顺序功能图工具栏。顺序功能图工具栏包含编辑顺序功能图程序最常用的功能。

7）缩放工具栏。在梯形图程序和顺序功能图程序中，可以通过缩放工具栏调整显示比例。

注意： 每个工具栏的功能都可以在界面菜单中找到对应的菜单项。可以根据需要自定义工具栏，也可以添加新的工具栏，加入常用图标。

菜单栏是由文件、编辑和查看等子菜单构成，当鼠标停留在子菜单的菜单项上时，菜单项功能的简短描述被显示在状态栏中。每个子菜单在后续章节中有更详细的应用介绍，子菜单包括表 1-1 所列菜单项。

表 1-1 基本菜单

文件	"文件"子菜单可用于"新建工程""打开工程""关闭工程""关闭文件""保存文件""保存工程""工程另存为"。它也包含用于打印、打印设置和打印预览的命令
编辑	"编辑"子菜单包含了编辑所必需的全部命令,如编辑的撤销/恢复、插入、剪切和粘贴。另外,它提供了文本和图形程序的搜索和替换文本字符串的功能
查看	"查看"子菜单提供了显示、隐藏不同窗口、工具条的功能。也提供了以不同语言查看当前程序的功能
PLC	"PLC"子菜单提供了与 PLC 硬件互操作的相关功能以及程序的编译功能
工具	"工具"子菜单提供了设置 AutoShop 相关属性和工程配置功能
窗口	"窗口"子菜单提供了访问当前打开的窗口,以及按所需要的方式重新排布当前窗口的功能
帮助	"帮助"子菜单包含了如何使用 AutoShop 的帮助系统

注:这些子菜单的菜单项根据正在使用的程序功能会有一定的差别。

除上述基本菜单外,AutoShop 还会根据不同的窗口类型和程序类型显示相应的菜单。

工作区包括程序编辑窗口、全局变量表编辑窗口、元件状态监控表窗口、软元件内存窗口和交叉引用表窗口。

状态栏负责向用户提供常用的属性信息。

信息输出窗口可以向用户提供 AutoShop 执行操作之后的结果,包括编译、通信、转换三种操作的执行结果信息。

3. PLC 通信应用

(1) H2U/H1U 系列 PLC 的通信硬件配置(见图 1-5)

COM0 口的通信协议配置见表 1-2,COM1 口的通信协议配置见表 1-3,通信格式配置字 D8110、D8120 的定义见表 1-4。

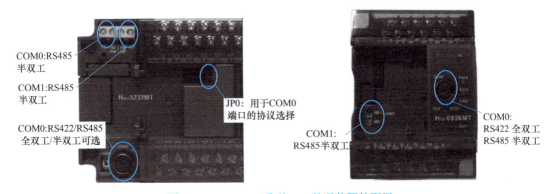

图 1-5 H2U/H1U 系列 PLC 的通信硬件配置

表 1-2 COM0 口的通信协议配置

COM0 协议	D8116 设定	半双工/全双工模式	COM0 通信格式
下载协议/HMI 监控协议	01h	JP0 短接:下载协议 JP0 开路:STOP→ON 时,由 D8116 决定模式	固定
MODBUS-RTU 从站	02h	半双工	由 D8110 决定
其他协议(含 RS 指令)		不支持	

表 1-3　COM1 口的通信协议配置

COM1 协议	D8126 设定	半双工/全双工模式	COM1 通信格式
HMI 监控协议	01h	半双工	PLC 系统软件固定设置
1:1 并联协议主站	50h	半双工	PLC 系统软件固定设置
1:1 并联协议从站	05h	半双工	PLC 系统软件固定设置
N:N 协议主站	40h	半双工	PLC 系统软件固定设置
N:N 协议从站	04h	半双工	PLC 系统软件固定设置
计算机链接协议	06h	半双工	由 D8120 决定
MODBUS-RTU 从站	02h	半双工	由 D8120 决定
MODBUS-ASC 从站	03h	半双工	由 D8120 决定
MODBUS-RTU 指令	20h	半双工	由 D8120 决定
MODBUS-ASC 指令	30h	半双工	由 D8120 决定
RS 指令	10h 或 00h	由 D8120 的 Bit10 设定： 1——半双工，标配 RS485 端口； 0——全双工，RS 232C/RS422 - BD 扩展卡接口	由 D8120 决定

表 1-4　通信格式配置字 D8110、D8120 的定义

协议名称	比特率/(bit/s)	数据位	校验位	停止位
N:N 协议	固定为 38400	固定为 7	固定为偶校验 E	固定为 1 位
1:1 并联协议	固定为 19200	固定为 7	固定为偶校验 E	固定为 1 位
HMI 监控协议	固定为 9600	固定为 7	固定为偶校验 E	固定为 1 位
计算机链接协议	COM0 口 D8110 和 COM1 口 D8120 的 Bit7~Bit4 设定： 0011b (300) 0100b (600) 0101b (1200) 0110b (2400) 0111b (4800) 1000b (9600) 1001b (19200) 1010b (38400) 1011b (57600) 1100b (115200)	COM0 口 D8110 和 COM1 口 D8120 的 Bit0 设定： 0b (7bit/s) 1b (8bit/s)	COM0 口 D8110 和 COM1 口 D8120 的 Bit2~Bit1 设定： 00b (无校验) 01b (奇校验) 11b (偶校验)	COM0 口 D8110 和 COM1 口 D8120 的 Bit3 设定： 0 (1bit/s) 1 (2bit/s)
MODBUS-RTU 从站				
MODBUS-ASC 从站				
RS 指令				
MODBUS-RTU 指令				
MODBUS-ASC 指令				

注：MODBUS-RTU 从站协议及指令只支持 8 位数据位，否则将造成通信出错。

H2U/H1U 系列 PLC 系统软件对 COM1 端口通信协议确定的原则：

① 在 STOP→RUN 状态时，系统会搜寻用户程序中对配置字 D8126 的设置，确定其通信协议。

② PLC 运行后，即使 PLC 程序修改了协议配置字 D8126，通信协议也不会改变。

(2) H2U-HMI 通信连接

H2U 与 HMI 通信的端口有 Mini DIN8 信号插座，该插座常用于用户程序的下载和 HMI 监控；另外还有螺钉固定座的 RS485 通信端口，方便采用双绞线通信应用连接。这两组端口只要通过适当配置，都可以与 HMI 进行通信。

① 通信口采用何种通信协议、全双工或半双工模式，是通过 JP0 和用户程序编程配合决定的：将 JP0 闭合（插上跳线帽），COM0 为 RS422 模式，可以下载 PLC 用户程序；将 JP0 断开（拔掉跳线帽），COM0 的工作模式由 D8116 决定，D8116 = H01 代表 RS485（2W），D8116 = H81 代表 RS422（4W）。

② 该 Mini DIN8 信号电缆兼容 SC-09 型号下载电缆；若 HMI 标配 DB9 插座并使用 Mini DIN8 插座的电缆连接方式，建议采用 RS422 全双工通信方式。

(3) HMI 与 H2U 的通信配置

HMI 与 H2U 通信连接采用 RS422（4W）或 RS485（2W）电平进行通信连接。通信比特率固定为 9600bit/s，7E1 格式，即 7 位数据位，偶校验，1 位停止位。

用户在 HMI 编程时，只要选择"Inovance H2U"型 PLC 从机，自然就会按上述配置并通信。

注意：要根据实际使用的接线方式，在 HMI、H2U 两方都配置好四线（4W）或两线（2W）方式。

① H2U-HMI 使用 RS422 全双工（4W）的方法（见图 1-6 和图 1-7）。

方案 1：COM0 通信口的 MiniDIN8 插座。

图 1-6 COM0 通信口 RS422 全双工方法

方案 2：COM1 通信口，需要增加 H2U-422-BD 扩展小板。

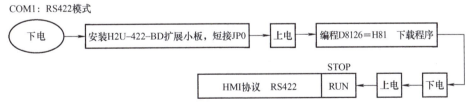

图 1-7 COM1 通信口 RS422 全双工方法

注意：PLC 程序中，选择通信协议的指令必须在第一个运行周期中就能将 D8126 特殊寄存器赋值（见图 1-8），PLC 运行中修改这些寄存器的操作不会生效。

图 1-8 D8126 特殊寄存器赋值

② H2U-HMI 使用 RS485 半双工（2W）的方法（见图 1-9 和图 1-10）。

方案 1：COM0 通信口的 RS485＋和 RS485－接线端子。

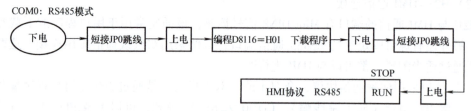

图 1-9　COM0 通信口 RS485 半双工方法

方案 2：COM1 通信口的 RS485 + 和 RS485 - 接线端子。

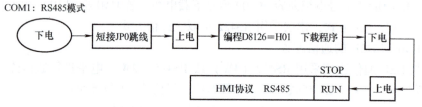

图 1-10　COM1 通信口 RS485 半双工方法

注意：PLC 程序中，选择通信协议的指令必须在第一个运行周期中就能将 D8116、D8126 的特殊寄存器赋值（H01）（见图 1-11），PLC 运行中修改这些寄存器的操作不会生效。

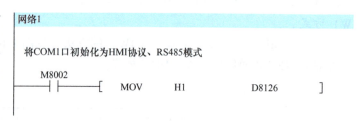

图 1-11　D8126 特殊寄存器赋值

（4）MODBUS 协议说明

MODBUS 通信的底层为 RS485 信号，采用双绞线进行连接，具有传输距离较远，可达 1000m，且抗干扰性能比较好及成本低等特点，因此在工业控制设备的通信中被广泛使用，现在众多厂家的变频器、控制器都采用了该协议。

传送数据格式有 HEX 码和 ASCII 码两种，分别称为 MODBUS-RTU 和 MODBUS-ASC 协议，前者为数据直接传送，而后者需将数据变换为 ASCII 码后传送，因此，MODBUS-RTU 协议的通信效率较高、处理简单，因而使用得更多。

MODBUS 为单主多从通信方式，采用的是主问从答方式，每次通信都是由主站首先发起，从站被动应答。因此，如变频器等被控设备，一般内置的是从站协议，而 PLC 等控制设备，则需具有主站协议、从站协议。

现在以 MODBUS-RTU 协议为例，说明通信帧的典型格式。

请求帧格式（见表 1-5）：从机地址 + 0x03 + 寄存器起始地址 + 寄存器数量 + CRC 校验。

表 1-5　请求帧格式

序号	数据（字节）意义	字节数量/B	说　明
0	帧头		3.5 个字符空闲时间
1	从机地址	1	取值 1~247，由 D8121 设定

(续)

序号	数据（字节）意义	字节数量/B	说　　明
2	0x03（操作码）	1	读寄存器
3	寄存器起始地址	2	高位在前，低位在后，见寄存器编址
4	寄存器数量	2	高位在前，低位在后
5	CRC 校验	2	高位在前，低位在后
6	END		3.5 个字符以上的空闲时间

注：其中的寄存器数量 N，H2U 最大为 1250，H1U 最大为 50。

正常响应帧格式（见表 1-6）：从机地址 +0x03 + 字节数 + 寄存器值 + CRC 校验

表 1-6　正常响应帧格式

序号	数据（字节）意义	字节数量/B	说　　明
0	帧头		3.5 个字符空闲时间
1	从机地址	1	取值 1~247，由 D8121 设定
2	0x03（功能码）	1	读寄存器
3	字节数	1	值：2N
4	寄存器值	2N	每两字节表示一个寄存器值，高位在前低位在后。寄存器地址小的排在前面
5	CRC 校验	2	高位在前，低位在后
6	END		3.5 个字符空闲时间

若是主站发送的通信帧错误或操作失败，从站就发送错误响应帧，反馈给主站。

错误响应帧（见表 1-7）：从机地址 +（功能码 +0x80）+ 错误码 + CRC 校验。

表 1-7　错误响应帧

序号	数据（字节）意义	字节数量/B	说　　明
0	帧头		3.5 个字符空闲时间
1	从机地址	1	取值 1~247，由 D8121 设定
2	功能码 +0x80	1	错误功能码
3	错误码	1	1~4
4	CRC 校验	2	高位在前，低位在后
5	END		3.5 个字符空闲时间

PLC 编程时，只需关注如下信息。

从机地址：主站发送帧中，该地址表示目标接收从机的地址；从机应答帧中，表示本机地址；从机地址的设定范围为 1~247，0 为广播通信地址。

操作类型：表示读或写操作；0x1 = 读线圈操作；0x03 = 读寄存器操作；0x05 = 改写线圈操作；0x06 = 改写寄存器操作。对于变频器而言，只支持 0x03 读操作、0x06 写操作。

寄存器起始地址：表示对从机中要访问的寄存器地址，对 MD280、MD320 系列变频器访问时，对应的就是"功能码号""命令地址""运行参数地址"。

数据个数：即从"寄存器起始地址"开始连续访问的数据个数，对于寄存器变量，以字节为单位。

寄存器参数（数据）：表示要改写的数据（主机改写），或读取的数据（从机应答）。

校验和：本帧数据的 CRC 校验和，H2U/H1U 中自动计算处理，用户无须关注。

通信过程中，难免有通信出错或失败的情况，系统软件中提供的特殊变量 M8063、D8063 用于报告该故障信息，若 M8063 置位，表明出现通信故障，用户读取 D8063 的内容，即可得知故障的原因。

在 H2U、H1U 系列 PLC 的系统软件内已封装了 MODBUS 协议，包括 MODBUS‐RTU 主站和从站、MODBUS‐ASC 主站和从站，可应用于 COM1 通信口，只需给系统寄存器 D8126 设置相应的数值就可以使用了。

4. 相关指令说明

1）DFLT 数据处理指令：32 位整数转换成二进制浮点数（见图 1-12）。

当 M10 = ON 时，将 32bit 数（D21、D20）中（32 为 BIN 整数）转换为二进制浮点数后，存放到（D131、D130）。

2）DEDIV 浮点运算指令：二进制浮点数除法（见图 1-13）。

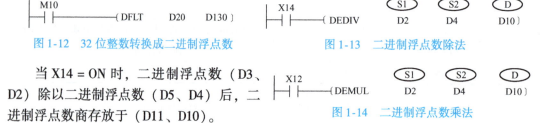

图 1-12　32 位整数转换成二进制浮点数　　　图 1-13　二进制浮点数除法

图 1-14　二进制浮点数乘法

当 X14 = ON 时，二进制浮点数（D3、D2）除以二进制浮点数（D5、D4）后，二进制浮点数商存放于（D11、D10）。

3）DEMUL 浮点运算指令：二进制浮点数乘法（见图 1-14）。

当 X12 = ON 时，二进制浮点数（D3、D2）乘以二进制浮点数（D5、D4）后，二进制浮点数积存放于（D11、D10）。

4）DMOV 传送指令：32 位传送指令。

〔DMOV D1 D5〕的操作结果是：D1→D5；D2→D6

5）MOVP 传送指令：16 位传送指令，脉冲型。

（二）汇川 IS620P 系列伺服驱动器

1. 外观和结构

汇川 IS620P 系列伺服驱动器的外观如图 1-15 所示，工作电压为 AC 220V，伺服驱动器 PC 通信线缆型号为 S6‐L‐T00‐3.0，电动机铭牌如图 1-16 所示。

2. 操作面板

打开面板盖，伺服驱动器操作面板如图 1-17 所示，面板上各按键的功能见表 1-8。操作面板可以进行参数设定、显示错误等。

CN5 模拟量监视信号端子：调整增益时，为了方便观察信号状态可通过此端子连接示波器等测量仪器。

数码管显示器：5 位 7 段 LED 数码管用于显示伺服的运行状态及参数设定。

图1-15 伺服驱动器

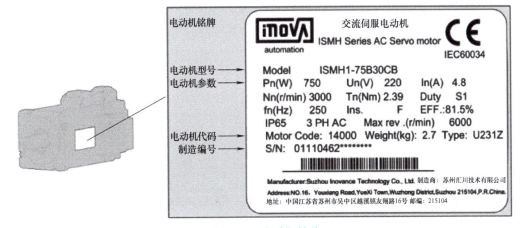

图1-16 电动机铭牌

表1-8 面板上各按键的功能

名 称	功 能
MODE 键	依次切换功能码，返回上一级菜单
UP 键	增加当前闪烁位设置值
DOWN 键	减少当前闪烁位设置值
SHIFT 键	当前闪烁位左移；长按：显示多于5位时翻页
SET 键	保存修改并进入下一级菜单

3. 利用面板手动设置伺服驱动器参数

① 系统上电，显示器显示"RDY"。

② 按下"MODE"键进入参数组别显示界面。

③ 按下"SHIFT"键选择组别显示位，通过"UP/DOWN"键选择具体的功能码组别。

④ 按下"SET"键显示组内编号。

⑤ 按下"SHIFT"键选择编号显示位，通过"UP/DOWN"键选择具体的组内编号。

⑥ 按下"SET"键读取参数值。

⑦ 通过"UP/DOWN"键更改数值。

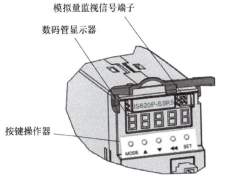

图1-17 伺服驱动器操作面板

⑧ 按下"SET"键写入参数，参数修改完成，显示器显示"DONE"。

⑨ 按下"MODE"键退回参数显示界面，再次按下"MODE"键退回参数组别显示界面，第三次按下"MODE"键退出参数设置模式，进入状态显示模式。

4. 利用 CANLink 通信进行伺服驱动器参数设置

① 打开软件后，新建一个新工程（见图 1-18），输入工程名称，选择工程存放路径，单击"确定"按钮，完成工程的新建。

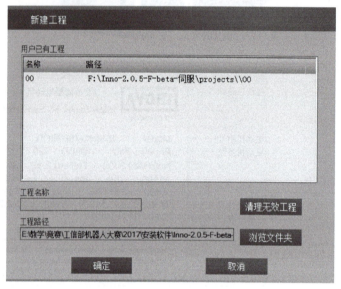

图 1-18　新建工程

② 选择 IS620P，软件版本为 6.8_Ecam_0.1，单击"确定"按钮（见图 1-19）。

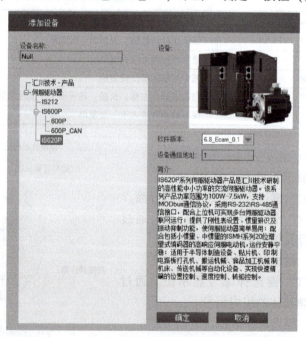

图 1-19　选择版本

③ 单击工具栏中的"设备设置",选择"通配配置",弹出"是否搜索设备?"对话框,单击"否"按钮,弹出"设置通信端口以及比特率",对话框单击"连接"按钮,建立通信连接(见图1-20)。

④ 连接成功后,选择"全部读取",将驱动器中的参数读取到软件中。根据需求修改相应的参数,选择"写入已修改中参数",将修改好的参数下载到伺服驱动器中,然后断电重启,完成参数的保存。

5. 接线

伺服驱动器的端口如图1-21所示,端口说明如下:

图1-20 通信设置

母线电压指示灯CHARGE:用于指示母线电容器处于有电荷状态。指示灯亮时,即使主电路电源为"OFF",伺服单元内部电容器可能仍存有电荷。因此,灯亮时请勿触摸电源端子,以免触电。

控制电路电源输入端子L1C、L2C:参考铭牌额定电压等级输入控制电路电源。

主电路电源输入端子R、S、T:参考铭牌额定电压等级输入主电路电源。

伺服母线端子P+、P-:直流母线端子,用于多台伺服驱动器共直流母线。

外接制动电阻器连接端子P+、D、C:默认在P+与D之间连接短接线。外接制动电阻器时,拆除该短接线,使P+与D之间开路,并在P+与C之间连接外置制动电阻器。

伺服电动机连接端子U、V、W:连接伺服电动机U、V、W相。

接地端子PE:与电源及电动机接地端子连接,进行接地处理。

编码器连接端子CN2:与电动机编码器端子连接。

控制端子CN1:指令输入信号及其他输入/输出信号用端口。

通信端子CN3、CN4:内

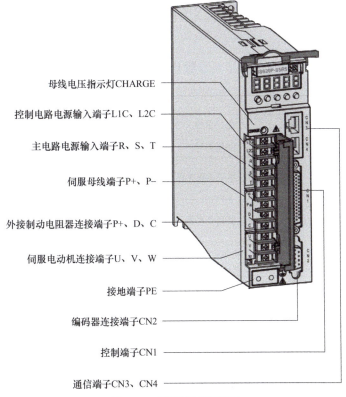

图1-21 伺服驱动器端口

部并联，与 RS 232、RS 485 通信指令装置连接。

汇川 IS620P 伺服驱动器接线示意图如图 1-22 所示，电源必须接 L1C、L2C 端子，绝对不能接 U、V、W 端子，否则会损坏伺服驱动器。电动机接到 U、V、W 端子，并注意电动机和伺服驱动器一定要接地。

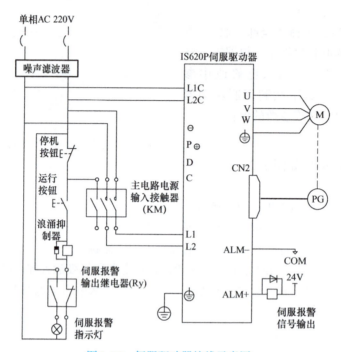

图 1-22　伺服驱动器接线示意图

6. 伺服驱动器相关参数说明（见表 1-9）

表 1-9　相关伺服参数说明

功能码编号	功能码名称	出厂值	说明（当前值）
H00-00	电动机编号	14000	电动机编号
H03-10	DI5 端子功能选择	1	伺服使能为了避免输入端子的功能重复，需要把 DI5 端子的使能关闭
H05-00	主位置指令来源	0	多段位置指令由 H11 组参数设定多段位置功能的运行方式。由 DI 功能 FunIN.28 触发多段位置指令
H05-02	电动机每旋转 1 圈的位置指令数	0	电动机每旋转 1 圈的位置指令数，设定范围为 0~1048576
H0C-00	驱动器轴地址	1	设置伺服轴地址
H0C-09	VDI 驱动器地址	0	使能 VDI
H0C-11	VDO 驱动器地址	0	使能 VDO
H11-04	位移指令类型选择	0	绝对位移指令：目标位置相对于电动机原点的位置增量
H17-00	VDI1 端子功能选择	0	VDI1 功能"伺服使能"
H17-02	VDI2 端子功能选择	0	VDI2 多段位置指令使能

（三）汇川 IT6000 触摸屏

1. 触摸屏认知

工业机器人技术应用实训装置使用的触摸屏是汇川 IT6000 触摸屏，10in（1in=25.4mm）LCD，采用 Windows Visual Studio 风格，功能强大，操作简单，用以太网通信。其外观如图 1-23 所示，触摸屏接线端口如图 1-24 所示。

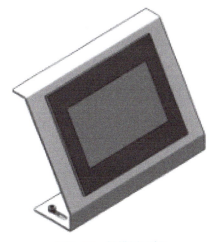

图 1-23　触摸屏面板

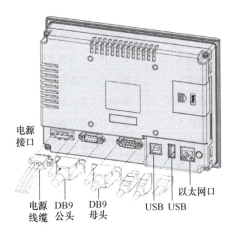

图 1-24　触摸屏接线端口

触摸屏连接 24V 电源。上电时，按压触摸屏面板不放，系统启动完之后输入密码"111111"，出现系统设置界面，如图 1-25 所示，可以进行网络、时间/日期、背光/旋转、声音、恢复出厂设置等设置。

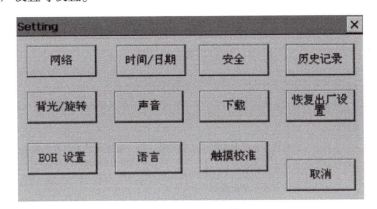

图 1-25　系统设置界面

2. 软件控件功能简介（见表 1-10）

表 1-10　软件控件功能

控件名称	功能描述
指示灯	使用图形或文字等显示 PLC 中某一个位的状态
多状态指示灯	根据 PLC 中数据寄存器不同的数据，显示不同的文字或图片

（续）

控件名称	功能描述
位状态设定	在屏幕上定义一个触摸控件，触摸时，对 PLC 中的位进行置位或复位
多状态设定	在屏幕上定义一个触摸控件，触摸时，可以对 PLC 中的寄存器设定一个常数或递加/递减等功能
位状态切换开关	在屏幕上定义一个触摸控件，当 PLC 中的某一个位改变时，它的图形也会改变；当触摸时，会改变另外一个位的状态
多状态切换开关	在屏幕上定义一个多状态的触摸控件，当 PLC 的数据寄存器数值改变时，它的图形会跟着变化；触摸时，会改变 PLC 中数据寄存器的值
数值显示	显示 PLC 中数据寄存器的数值
数值输入	显示 PLC 中数据寄存器的数值，使用数字键盘可以修改这个数值
字符显示	显示 PLC 寄存器中的 ASCII 字符
字符输入	显示 PLC 寄存器中的 ASCII 字符，使用字母键盘可以修改这个 ASCII 字符
直接窗口	在屏幕上定义一个区域，当定义的 PLC 中的位为"ON"时，指定编号的画面会显示在该区域
间接窗口	在屏幕上定义一个区域，当定义的 PLC 数据寄存器的数据与某个画面的编号相同时，该画面会显示在该区域
项目选单	在屏幕上定义一个下拉式菜单，触摸时，可以选择不同的项目，从而将不同的数据写入 PLC 中
滑动开关	在屏幕上定义一个滑动触摸控件，当手指滑动该控件时，会线性改变 PLC 中数据寄存器的数值
功能键	在屏幕上定义一个功能键，可以执行画面跳转、宏指令等
移动图形	该控件会随着 PLC 中数值寄存器数值的改变而改变图形的状态及在屏幕上的位置
动画	该控件会随着 PLC 中数值寄存器数值的改变而改变图形的状态及在屏幕的位置，该位置是事先设定好的
表针	使用表针图形显示 PLC 中数据寄存器数据的动态变化
棒图	使用棒状图形显示 PLC 中数据寄存器数据的动态变化
趋势图	使用多点连线的方式显示 PLC 中一个或者多个数据寄存器中数据变化的趋势或者历史变化趋势
XY 曲线显示	PLC 中一组连续的寄存器数据为 X 轴坐标，另一组连续的寄存器的数据为 Y 轴坐标，显示由这些对应的坐标点连成的曲线
历史数据显示	使用表格的方式显示历史数据
数据群组显示	显示由 PLC 中一组连续的数据寄存器中的数据组成的曲线
报警条	利用走马灯的方式显示"事件登录"中的报警信息
报警列表	使用文字的方式显示"事件登录"中的故障信息，当故障恢复时，显示的文字消失
事件列表	使用文字的方式显示"事件登录"中的故障信息，可以显示故障发生的时间和恢复时间等，当故障恢复时，文字不消失
触发式资料传输	可以手动或者根据 PLC 中某个位的状态执行数据的传送

（续）

控件名称	功能描述
备份	将保存到 HMI 里面的配置数据、资料采样数据或者故障报警信息等复制到指定的 U 盘或远程的计算机中
LED 跑马灯	显示一组灯的移动，其移动方式和移动速度由寄存器控制，亮灯颜色和灭灯颜色交替显示形成移动动作
日期时间控件	该显示日期和时间的控件

3. 菜单栏

菜单栏如图 1-26 ~ 图 1-31 所示。

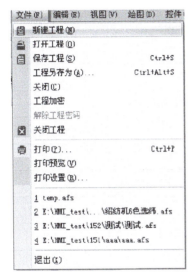

图 1-26 文件菜单　　　　　图 1-27 编辑菜单

图 1-28 视图菜单　　图 1-29 绘图菜单　　图 1-30 控件菜单　　图 1-31 工具菜单

四、实践操作

(一) 伺服驱动器参数设置

根据表 1-11 利用 CANLink 通信或者面板进行参数设置,参数修改完成后,重现上电,修改 H02-01 为 1,重启伺服驱动器,若报警 731,则将 H0D-20 设置为 1,然后重新上电重启。

表 1-11 相关参数设置

功能码编号	功能码名称	当前值	出厂值
H00-00	电动机编号	14101	14000
H03-10	DI5 端子功能选择	0	1
H05-00	主位置指令来源	2	0
H05-02	电动机每旋转 1 圈的位置指令数	10000	0
H0C-00	驱动器轴地址	2	1
H0C-09	(VDI) 驱动器地址	1	0
H0C-11	(VDO) 驱动器地址	1	0
H11-04	位移指令类型选择	1	0
H17-00	VDI1 端子功能选择	1	0
H17-02	VDI2 端子功能选择	28	0

(二) 组网

PLC、触摸屏和 PC 采用普通网线经路由器连接后,进行软件组网。

1. PC 本地连接设置

打开"网络和共享中心",单击"更改适配器设置",双击"本地连接"进行 IP 地址设置,如图 1-32 所示,将 IP 地址设置为 192.168.1.253,253 为参考网段。

2. PLC 的 IP 设置

打开 Autoshop 软件,双击"工程管理树"→"通信配置"→"以太网"进行 PLC 的 IP 地址设置,如图 1-33 所示,将 IP 地址设置为 192.168.1.9。

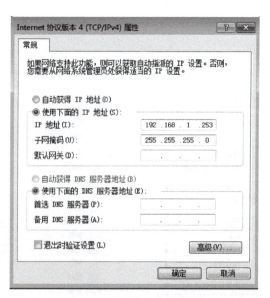

图 1-32 PC 本地连接设置

3. 触摸屏 IP 设置

触摸屏重启上电后,在图 1-25 中单击"网络"按键,手动设置 IP 如图 1-34 所示。

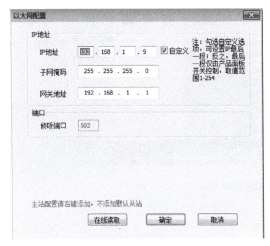

图 1-33　PLC 的 IP 设置

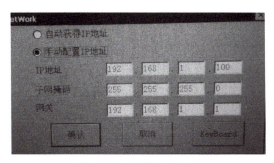

图 1-34　触摸屏 IP 设置

(三) PLC 与伺服驱动器通信

在 Autoshop 软件,右击"工程管理树",单击"通信配置"→"CAN",添加"CAN-Link 配置",双击"CANLink 配置"进行主站号和从站号设置,主站号采用默认值,从站号设置如图 1-35 所示,单击"添加"按钮即可。

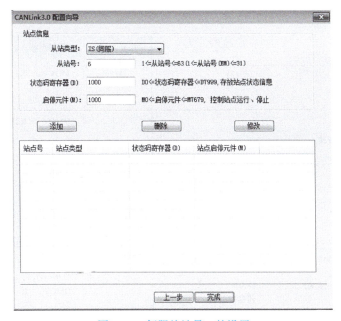

图 1-35　伺服从站号 6 的设置

单击"完成"按钮,进入 PLC 与伺服驱动器通信设置页面,分别双击 63 号站(主站即 PLC)和 6 号站(从站即伺服)进行设置,如图 1-36 所示。

编号	触发方式	触发条件	发送站		发送寄存器		接收站		接收寄存器		寄存器个数
1	时间(ms)	10	63	HOST(H3U)	400	十进制	6	IS(伺服)	110C	十六进制	4
2	时间(ms)	10	63	HOST(H3U)	404	十进制	6	IS(伺服)	3100	十六进制	1
3	时间(ms)	10	63	HOST(H3U)	420	十进制	6	IS(伺服)	51E	十六进制	1
4			63	HOST(H3U)		十进制					
5			63	HOST(H3U)		十进制					
6			63	HOST(H3U)		十进制					
7			63	HOST(H3U)		十进制					
8			63	HOST(H3U)		十进制					
9			63	HOST(H3U)		十进制					
10			63	HOST(H3U)		十进制					
11			63	HOST(H3U)		十进制					
12			63	HOST(H3U)		十进制					
13			63	HOST(H3U)		十进制					
14			63	HOST(H3U)		十进制					
15			63	HOST(H3U)		十进制					
16			63	HOST(H3U)		十进制					
本站接收	---	---	---	---	---	---	---	---	---	---	---
1	时间(ms)	10	6	IS(伺服)	B3A	十六进制	63	HOST(H3U)	450	十进制	2
2	时间(ms)	10	6	IS(伺服)	3001	十六进制	63	HOST(H3U)	452	十进制	1

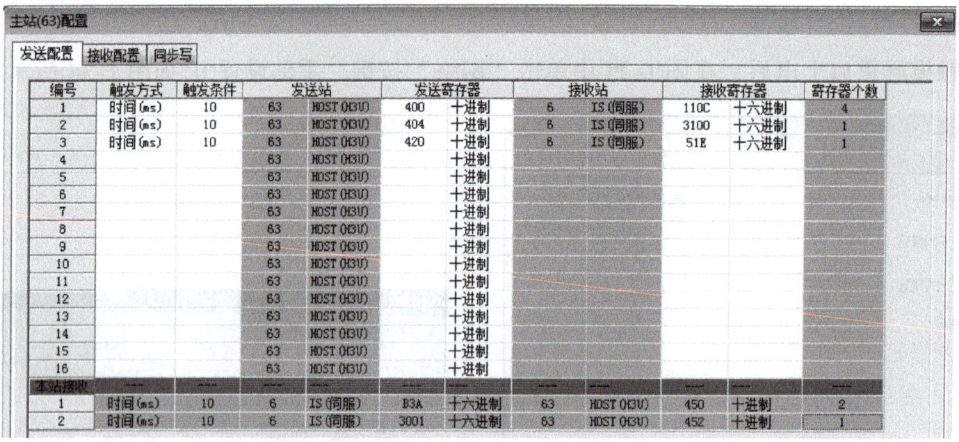

图 1-36 PLC 与伺服的通信联系设置

(四) PLC 程序编写

本项目 PLC 程序较简单，只需完成转盘的正转点动、反转点动、0°和 180°位置寻址、电动机位置清零、电动机去使能、电动机停止，并把电动机运行和停止状态进行显示。

本项目参考程序如图 1-37 ~ 图 1-39 所示。

PLC D400 寄存器存放了转盘位移数据，该数据需要发送给伺服驱动器的 H11 - 12（第一段移动位移）。伺服电动机多段位置使能与否，需要专用的寄存器存放控制字 D404，由于伺服驱动器接收信号的 H17 - 00、H17 - 02 为虚拟输入端子，需要映射到寄存器 H31 - 00 中。

电动机每旋转一圈，需要 10000 个脉冲，减速比为 1:50，若使转盘旋转 180°，则需要 250000 个脉冲。

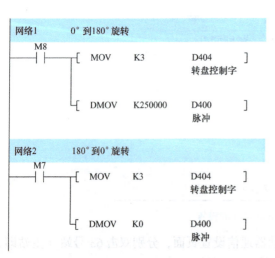

图 1-37 0°、180°旋转程序

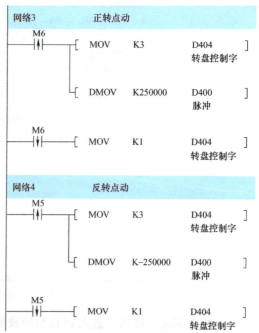

图 1-38 正转、反转点动程序

（五）触摸屏绘制

1. 新建工程

打开触摸屏软件，单击"文件"→"新建工程"，如图1-40所示。在新建工程窗口将HMI型号选为IT6070E，输入工程名，单击"确定"按钮，在连接设备的设置窗口单击"取消"按钮，完成工程新建。

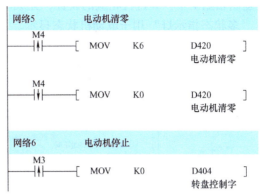

图1-39 电动机清零、停止程序

图1-40 新建工程

2. 设备属性添加

右击"项目管理"，单击"通信连接"→"本地设备"→"Ethernet"，添加设备，设备属性设置如图1-41所示。

3. 触摸屏画面

在"初始页面"右击，选择"位状态控件"→"位状态开关"，在"初始页面"适当位置单击，新建一个"正转点动"的"位状态开关"；双击该开关进行相关属性设置，如图1-42所示，在"一般属性"标签页将读取地址设置为"汇川 H3U ModbusTcp M（6）"，开关类型为"复归型"，在"标签属性"标签页内容中输入"正转点动"，在"图形属性"标签页图库中选择"按钮"。将该开

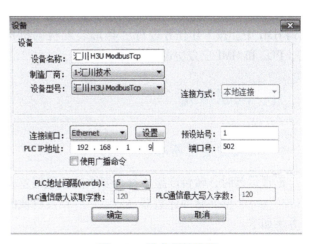

图1-41 设备属性设置

关复制粘贴7个，并进行相应的设置，完成的手动控制开关如图1-1所示。同样地，可以建立"多状态指示灯"用于电动机状态显示。

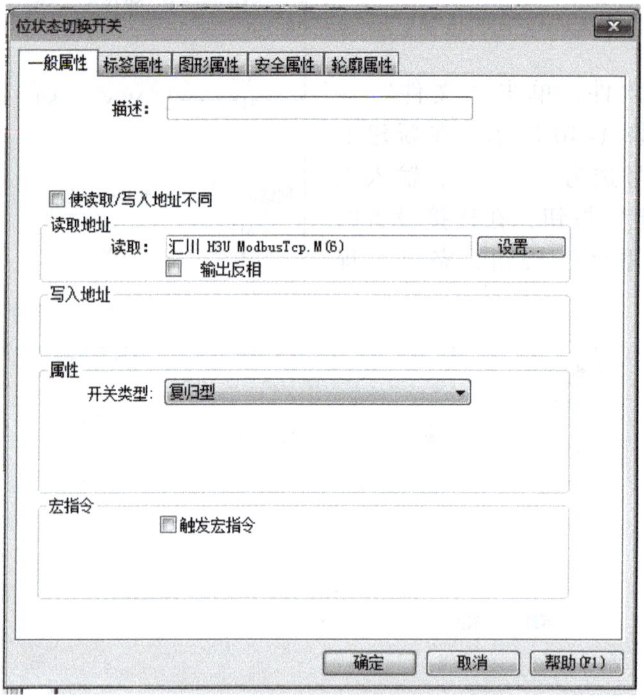

图1-42 修改开关标签

（六）项目任务调试

手动控制程序在 Autoshop 程序编辑器编辑完毕后，按"F8"编译后，单击"下载"，下载程序到 PLC 控制器；触摸屏组态完毕后，按"F7"编译后，单击"下载"，将组态下载到 HMI 中。按工作任务进行"环形装配检测机构"手动控制调试，对存在的问题通过 PC、PLC 和 HMI 三方协调进行改进。

五、问题探究

（一）转台定位不准

正常运行时，转台产生不符合要求的位置偏差，一般要确认变频器输入位置指令计数器（H0B-13）、反馈脉冲计数器（H0B-17）及机械的停止位置，此故障检查、原因分析和排除方法如下。

1. 故障检查

发生定位不准时，检查图1-43中4个信号：

1）位置指令输出装置（上位机或驱动器内部参数）中的输出位置指令计数值（Pout）。

2）伺服控制器接收到的输入位置指令计数值（Pin），对应参数 H0B-13。

3）伺服电动机自带编码器的反馈脉冲累加值（Pf），对应参数 H0B-17。

4）机械停止的位置（PL）。

2. 故障原因分析

导致定位不准的原因有 3 个，对应图 1-43 中 A、B、C，其中：

A——位置指令输出装置（专指上位机）和伺服驱动器的接线中由于噪声影响而引起输入位置指令计数错误。

B——电动机运行过程中输入位置指令被中断。原因：伺服使能信号被置为无效（S-ON 为 OFF），正向/反向超程开关信号（P-OT/N-OT）有效，位置偏差清除信号（ClrPosErr）有效。

C——机械与伺服电动机之间发生了机械位置滑动。

在不发生位置偏差的理想状态下，以下关系成立：

1）Pout = Pin，输出位置指令计数值 = 输入位置指令计数值。

2）Pin × 电子齿轮比 = Pf，输入位置指令计数值 × 电子齿轮比 = 反馈脉冲累加值。

3）Pf × △L = PL，反馈脉冲累加值 × 1 个位置指令对应负载位移 = 机械停止的位置。

3. 故障排除

1）Pout ≠ Pin，故障原因对应图 1-43 中 A，排除方法与步骤如下：

① 检查脉冲输入端子是否采用双绞屏蔽线。

② 如果选用的是低速脉冲输入端子中的集电极开路输入方式，应改成差分输入方式。

③ 脉冲输入端子的接线务必与主电路（LC1、LC2、R、S、T、U、V、W）分开走线。

④ 选用的是低速脉冲输入端子，增大低速脉冲输入引脚滤波时间常数（H0A-24）；反之，选用的是高速脉冲输入端子，增大高速脉冲输入引脚滤波时间常数（H0A-30）。

2）Pin × 电子齿轮比 ≠ Pf，故障原因对应图 1-43 中 B，排除方法与步骤如下：

① 检查是否运行过程中发生了故障，导致指令未全部执行而伺服已经停机。

② 若由于位置偏差清除信号（ClrPosErr）有效，应检查位置偏差清除方式（H05-16）是否合理。

3）Pf × △L ≠ PL，故障原因对应图 1-43 中 C，排除方法与步骤如下：

逐级排查机械的连接情况，找到发生相对滑动的位置。

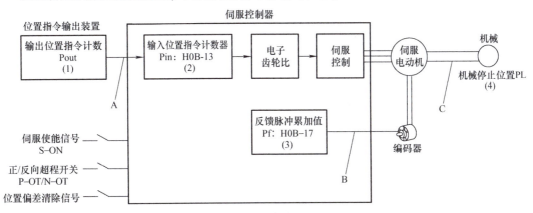

图 1-43　定位控制原理图

（二）变频器常见故障及其处理方法

1. Er.101：伺服内部参数出现异常（见表1-12）

产生机理：

1）功能码的总个数发生变化，一般在更新软件后出现。

2）H02组及以后组的功能码参数值超出上、下限，一般在更新软件后出现。

表1-12 伺服内部参数出现异常

原因	确认方法	处理措施
参数存储过程中瞬间掉电	确认参数值存储过程是否发生瞬间停电	重新上电，系统参数恢复初始化（H02-31=1）后，重新写入参数
一定时间内参数的写入次数超过了最大值	确认上位装置是否频繁地进行参数变更	改变参数写入方法，并重新写入。或是伺服驱动器故障，更换伺服驱动器
更新软件	确认是否更新了软件	重新设置驱动器型号和电动机型号，系统参数恢复初始化（H02-31=1）
伺服驱动器故障	多次接通电源并恢复出厂参数后仍报故障时，则是伺服驱动器发生了故障	更换伺服驱动器

2. Er.105：内部程序异常（见表1-13）

产生机理：

1）EEPROM 读/写功能码时，功能码总个数异常。

2）功能码设定值的范围异常，一般在更新程序后出现。

表1-13 内部程序异常

原因	确认方法	处理措施
EEPROM 故障	按照 Er.101 的方法确认	系统参数恢复初始化（H02-31=1）后，重新上电
伺服驱动器故障	多次接通电源后仍报故障	更换伺服驱动器

3. Er.108：参数存储故障（见表1-14）

产生机理：

1）无法向 EEPROM 中写入参数值。

2）无法从 EEPROM 中读取参数值。

表1-14 参数存储故障

原因	确认方法	处理措施
参数写入出现异常	更改某参数后，再次上电，查看该参数值是否保存	已保存但多次上电仍出现该故障，需要更换驱动器
参数读取出现异常		

4. Er.121：伺服 ON 指令无效故障（见表 1-15）

产生机理：使用某些辅助功能时，给出了冗余的伺服使能信号。

表 1-15　伺服 ON 指令无效故障

原　　因	确认方法	处理措施
内部使能情况下，外部伺服使能信号（S-ON）有效	确认是否使用辅助功能：H0D-02、H0D-03、H0D-12，同时 DI 功能 1（FunIN.1：S-ON，伺服使能信号）有效	将 DI 功能 1（包括硬件 DI 和虚拟 DI）信号置为无效

5. Er.D03：CAN 通信连接中断（见表 1-16）

产生机理：CAN 通信超时。

表 1-16　CAN 通信连接中断

原　　因	确认方法	处理措施
CAN 通信连接中断：从站掉站	检查主站 PLC 的 CAN 通信卡灯的状态：主站 PLC 的 ERR 灯以 1Hz 的频率闪烁，且有部分从站 PLC 的 ERR 灯长亮（使用 PLC 后台软件时，可在主站的元件监控表中监控 D78xx，xx 表示站号（十进制），部分已配置的站点对应的 D78xx 为 5，表示该从站发生故障）	检查 ERR 灯长亮的从站与主站间的通信线缆连接情况；检查 ERR 灯长亮的从站通信比特率 H0C-08，调整与主站一致
CAN 通信连接中断：主站掉站	检查主站 PLC 的 CAN 通信卡灯的状态：所有从站 PLC 的 ERR 灯长亮（使用 PLC 后台软件时，可在主站的元件监控表中监控 D78xx，xx 表示站号，十进制，所有已配置的站点对应的 D78xx 全部为 5，表示主站发生故障）	检查主站的线缆连接情况

六、知识拓展——多工位转台常用分度机构

多工位转台在工业生产中有着广泛的应用，用来代替传统的生产线，具有节省空间，提高效率，实现工业生产的自动化，节省日益增长的人工成本的优点。如转台上可以有装配工位、喷涂、焊接、压铸、包装、灌注或模具成型等工位，同时可用在天文观察台、雷达，旋转舞台、旋转餐桌，牛奶、酒、药品的生产设备中。在不同的应用中，对多工位转台的要求也不尽相同，如电流、电压大小，通路数，通信和控制信号等也不一样，通常在很多应用中还需要同时传输液体或气体，以实现转台上液压和气压元件的正常工作。

多工位转台装置能够进行有规律的分度转动,主要由间歇转位机构实现,常见的间歇转位机构分为以下几类。

(1) 槽轮机构

槽轮机构又称为马尔他机构,由具有径向槽的槽轮和具有拨销的拨杆组成。按照结构形式的不同,槽轮机构分为平面型槽轮机构和空间型槽轮机构,平面型槽轮机构又分为内啮合型槽轮机构和外啮合型槽轮机构两种。图 1-44 所示为平面外啮合型槽轮机构和空间球形槽轮机构的结构图。

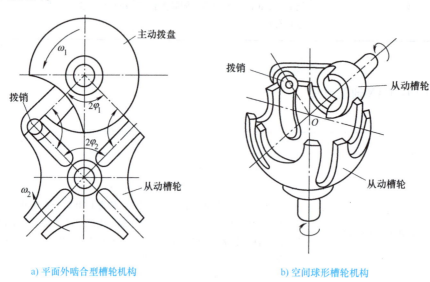

a) 平面外啮合型槽轮机构　　b) 空间球形槽轮机构

图 1-44　槽轮机构结构

槽轮机构结构简单、工作可靠,能方便地实现间歇转位运动,但是槽轮的转动角度不能调节,而且在槽轮转动的始末位置加速度变化较大,对分度装置造成冲击,一般用于转速不高的间歇转位机构中。

(2) 棘轮机构

棘轮机构是由棘轮和棘爪组成的一种间歇转动机构,常用于周期性转位或步进的自动机械上。

按照结构特点的不同,棘轮机构可分为轮齿式棘轮机构、摩擦式棘轮机构;按照运动特点的不同,棘轮机构可分为单向式棘轮机构、双向式棘轮机构;根据齿形的不同,棘轮机构可分为锯齿形、直线形三角齿及圆弧形三角齿棘轮机构等。图 1-45 所示分别为外棘轮机构和内棘轮机构。

轮齿式棘轮机构运动可靠,转动角度容易实现有级调节,但是棘轮工作时

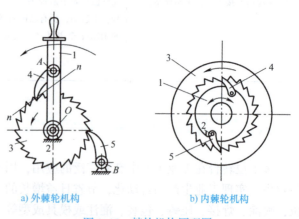

a) 外棘轮机构　　b) 内棘轮机构

图 1-45　棘轮机构原理图

1—主动杆(轮)　2—机架　3—棘轮
4—驱动棘爪　5—止回棘爪

易产生冲击和噪声，导致棘轮和棘爪的磨损，在高速重载时尤其严重，所以常用在低速、轻载的场合，实现转位运动、快速超越等功能。摩擦式棘轮机构运动传动比较平稳、噪声低、从动件转角可实现无级调节，常用于超越离合器实现进给和传动，但是其运动定位精度差，不宜用在运动精度要求较高的场合。

（3）不完全齿轮机构

不完全齿轮机构是轮齿不布满整个圆周的渐开线齿轮机构，不完全齿轮机构按结构形式的不同可分为外啮合型、内啮合型。外啮合的两个齿轮转向相反，内啮合的两个齿轮转向相同。如图1-46所示，其中，图1-46a为外啮合型不完全齿轮，图1-46b为内啮合型不完全齿轮。

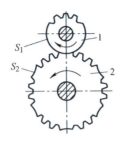
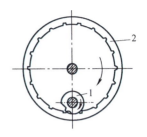

a）外啮合型不完全齿轮结构　　b）内啮合型不完全齿轮结构

图1-46　不完全齿轮结构

1—主动齿轮　2—从动齿轮

不完全齿轮机构从动轮每转一周的停歇时间、运动时间和分度角度的变化范围等参数的设计比较灵活，但是机构加工制造复杂、成本高，并且从动齿轮在起动和停止时冲击较大，所以不完全齿轮机构常用于低速轻载的场合，如在自动机械中工作台的间歇转位、间歇进给以及计数机构等。

（4）分度凸轮机构

分度凸轮机构是高副传动的间歇运动机构，主动凸轮由原动机驱动做连续回转运动，驱动从动分度盘，完成分度端的间歇运动和停止，将原动机的连续转动变化为分度盘的间歇运动。按照结构形式的不同，分度凸轮机构可以分为平行分度凸轮、圆柱分度凸轮和弧面分度凸轮机构，图1-47所示为圆柱分度凸轮机构实物。

圆柱分度凸轮机构作为一类广泛应用的空间凸轮机构，它的优点在于：① 装置结构紧凑、传动刚度大、承载能力强，可用于载荷较大的间隙运动场合；② 分度范围大、适用范围广、设计上限制较少，可以方便地实现各种运动规律；③ 分度精度高可达 $\pm(15''\sim30'')$。为了使凸轮分度箱满足相应的运动特性和分度精度等要求，必须注意使用和维护方法。

（5）DD直驱电动机（Direct Driving Motor）

近些年来，随着电动机控制和制造技术的发展，出现了直接驱动电动机，这种电动机具有速度低、转矩大、转矩波动小、机械特性硬等优点。直驱电动机可以直接驱动负载进行工作，不需要连接减速机构，可用于高精度的控制过程。减小装置的传动误差，使结构更紧凑，从而提高传动效率，并且无传动间隙。因此，基于DD直驱电动机的多工位转台装置常被应用于精密电子设备装配等场合，图1-48所示为DD直驱电动机实物。

DD直驱电动机一般需要配合高精度的角度检测装置组成伺服控制系统，所以价格比较昂贵，目前只用于较高端的场合。DD直驱电动机直接驱动多工位转盘，电动机的转矩波动不经过衰减直接传递到转盘上，对转盘的影响较大，而且其体积一般比较大，对某些空间要求比较高的场合也是无法使用的。

图 1-47　圆柱分度凸轮机构

图 1-48　DD 直驱电动机

七、评价反馈

评价反馈见表 1-17。

表 1-17　评价表

基本素养（30 分）				
序号	评估内容	自评	互评	师评
1	纪律（无迟到、早退、旷课）（10 分）			
2	安全规范操作（10 分）			
3	团结协作能力、沟通能力（10 分）			
理论知识（30 分）				
序号	评估内容	自评	互评	师评
1	各种指令的应用（5 分）			
2	转盘工艺流程（5 分）			
3	网络配置（5 分）			
4	对伺服驱动器和电动机的认知（5 分）			
5	对触摸屏的认知（5 分）			
6	对 H3U PLC 的认知（5 分）			
技能操作（40 分）				
序号	评估内容	自评	互评	师评
1	独立完成转盘转动程序编写（10 分）			
2	伺服驱动器参数设置（10 分）			
3	通过触摸屏手动控制伺服电动机（10 分）			
4	触摸屏组态（10 分）			
	综合评价			

八、练习题

通过上位机实现转盘的手动控制任务。

1. 根据要求完成伺服驱动器参数配置。

1）伺服电动机与转盘之间的减速机构，减速比为 1:50。

2）伺服驱动器参数已恢复为出厂值，根据以下任务要求修改相应参数，完成控制，并与 PLC 进行 CANLink 通信。

① 伺服驱动器的默认地址为 8。

② 站类型：CANLink 从站。

2. 根据要求完成触摸屏程序的编写与调试。

编写触摸屏程序，完成环形装配检测机构转运功能。要求如下：

1）PLC 通信方式为 MODBUS – TCP。

2）触摸屏能实现环形装配检测机构正转和反转点动，0°和180°位置寻址，电动机清零、去使能和停止，电动机速度和加速度调整，实时转盘角度显示（0°位置如图 1-49 所示）。

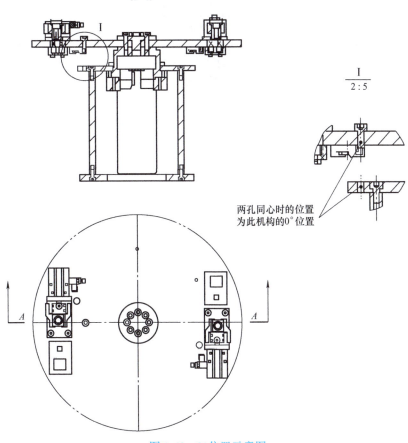

图 1-49　0°位置示意图

项目二

视觉系统编程与调试

一、学习目标

1. 掌握视觉系统的基本知识。
2. 在不同背景光情况下能进行智能相机图像清晰度的调节。
3. 能进行曝光值的正确调节。
4. 能进行图像标定、样本学习等视觉软件的操作。

二、工作任务

（一）任务描述

如图 2-1 所示，在环形装配检测机构 180°处气爪上，放置有已装配好黄色按钮灯，通过视觉检测系统识别其好坏，即**黄色按钮灯的亮与灭**。

图 2-1　按钮灯检测

（二）技术要求

1）通过调整相机镜头焦距及亮度，使智能相机稳定、清晰地摄取图像信号，在软件中能够实时查看现场按钮灯图像，要求图像清晰。

2）能将实时图像上的红色选择框拖到合适位置，学习获取黄色按钮灯灯光颜色。

3）将黄色按钮灯放置在环形装配检测机构 180°处气爪上，手动拍照，在软件中能够得到和显示该按钮灯颜色，验证相机操作的正确性。

（三）所需设备

环形装配检测机构由转盘、气动夹具和固定装置组成，转盘下面设置电源接口，用于检测按钮灯的装配质量。转盘、高清相机及其支撑立柱、视觉检测系统显示屏灯如图 2-2 所示。

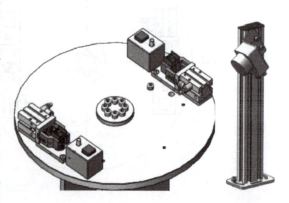

图 2-2　视觉系统

三、知识储备

(一) 视觉检测系统概述

视觉检测系统由视觉控制器、视觉显示器和一个高清相机组成。系统可实现工件的颜色、形状与缺陷检测功能,可实现与 PLC 基于网口和串口的通信,如 MODBUS-RTU、MODBUS-TCP 等。本系统是自主研发并结合各行业应用特点而推出的,具有操作简便、设置灵活、集成度高、体积小、稳定可靠等特点。

(二) 视觉检测系统参数

1) 系统电压:220V。
2) 相机像素:200 万像素。
3) 相机分辨率:640×480(ppi)。
4) 显示器分辨率:1024×768(ppi)。
5) 显示器尺寸:7in。
6) 检测图像输出接口:VGA、HDMI。
7) 通信协议:MODBUS-RTU、MODBUS-TCP、TCP/IP 等。
8) 操作方式:鼠标、键盘、触摸屏。
9) 编程方式:可视化编程。

(三) 视觉学习软件使用说明

1. 新建作业

单击"新建作业"按钮,弹出新建作业界面如图 2-3 所示。录入作业名称,单击"确定"按钮。新建成功后会打开作业编辑和运行界面,如图 2-4 所示。

图 2-3 新建作业

2. 打开作业

单击"打开作业"按钮,弹出保存过的作业列表,如图 2-5 所示。

选中作业名称,单击"打开"按钮或双击选中的作业名称都可以打开作业。

3. 删除作业

首先,打开需要删除的作业,然后在作业编辑界面单击"删除作业"按钮。

4. 新建样本

先将需要检测的工件放在合适的位置,然后将实时图像上的红色选择框拖动到合适位

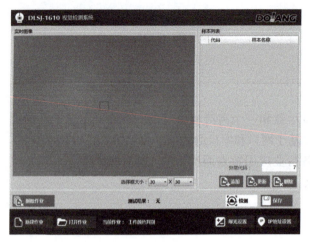

图 2-4　编辑界面

图 2-5　打开作业

置。单击作业编辑界面上的"添加"按钮，这时样本列表会添加一个空行，在空行的代码和样本名称两列分别录入代码和样本名称，如图 2-6 所示。最后单击"保存"按钮。样本列表的最后一列显示的是录入的样本颜色。

5. 更新样本

如果需要修正之前录入好的样本颜色，请先放置好工件，然后选中需要修改的样本，最后单击"更新"按钮。

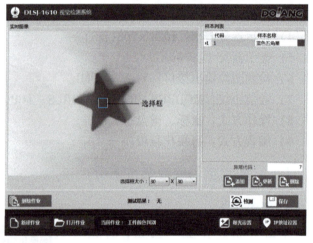

图 2-6　样本学习

6. 删除样本

选中样本列表中的一行，单击"删除"按钮就可以删除录入的样本。

7. 保存

颜色录入完成后，单击"保存"按钮。**注意**：如果不单击"保存"按钮，录入的样本信息会丢失。

8. 检测

单击"检测"按钮，可以测试录入的样本是否都可以检测出来，以及与 PLC 之间的通信是否正常，如图 2-7 所示。

9. IP 地址设置

单击"IP 地址设置"按钮，弹出界面如图 2-8 所示。IP 地址和端口需要与 PLC 的相对应。默认网关是 192.168.1.1，不能修改。

项目二 视觉系统编程与调试

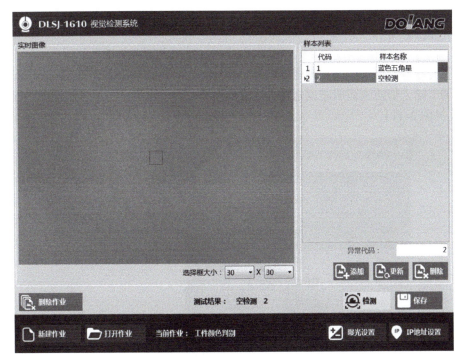

图 2-7　学习验证

10. 曝光设置

单击"曝光设置"按钮，弹出界面如图 2-9 所示。曝光值会影响样本检测的准确性。如果实时图像太暗，则需要调大曝光值，反之则调小。

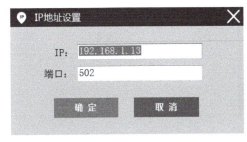

图 2-8　IP 地址设置

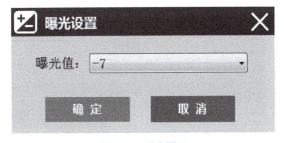

图 2-9　曝光设置

注意事项：

1）当外界光线太强或太弱时可能会影响系统的正常工作。

2）异常代码是当检测不到工件或匹配不到合适的样本时给 PLC 发送的代码。

3）录完所有样本之后，一般需要录入一个没有工件的空样本，空样本的代码要与异常代码一致。

PLC 通信说明：

1）PLC 通信协议为 MODBUS–TCP。

2）视觉 IP 地址设置完成后，在 PLC 软件中添加通信程序。

3）PLC 写视觉系统寄存器地址为 1~8，PLC 读取视觉系统寄存器地址为 11~18。

四、实践操作

1)打开软件并创建作业(见图 2-10)。
2)调节曝光值使画面明暗度适中,以便于拍照识别(见图 2-11)。

图 2-10 创建作业

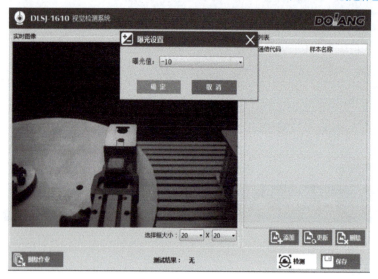

图 2-11 曝光值调整

3)将识别框移至采集区域(见图 2-12)。

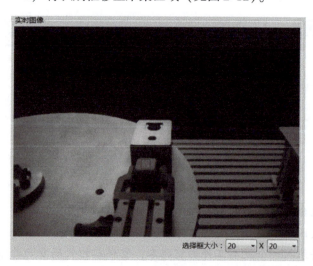

图 2-12 调整识别框

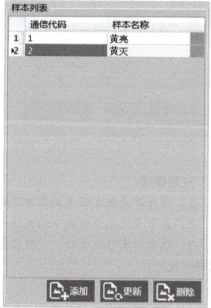

图 2-13 颜色样本添加

4)单击"添加"按钮并标定样本名称(见图 2-13),添加两个空的颜色样本。
5)单击"更新"按钮(见图 2-14)采集当前

按钮灯亮、灭颜色,共两次,分别存储到黄亮、黄灭样本数据中。

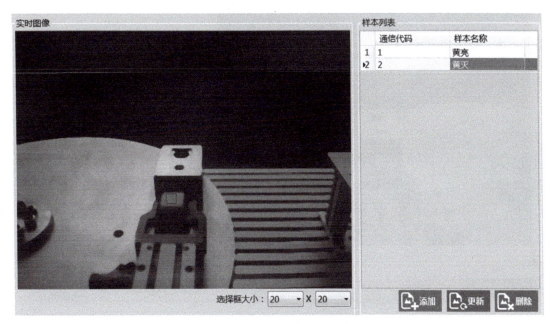

图 2-14 添加灯亮、灭样本

6)保存设定好的作业(见图 2-15)。

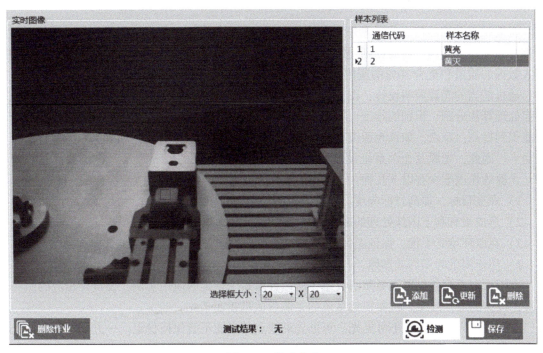

图 2-15 保存作业

7)重新放置黄色按钮灯,并重启该作业,单击拍照按钮,画面中显示结果即为当前亮灭状态(见图 2-16)。

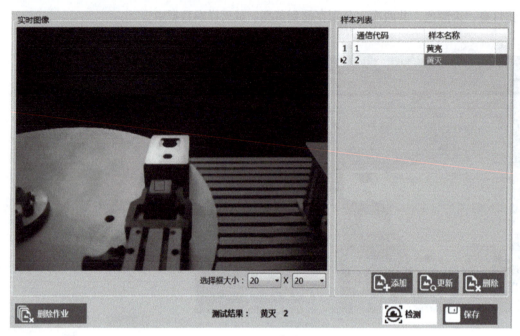

图 2-16　灯状态检验

五、问题探究——照明光对机器视觉的影响

机器视觉系统的核心是图像采集和处理。所有信息均来源于图像，图像本身的质量对整个视觉系统极为关键。而光源则是影响机器视觉系统图像水平的重要因素，因为它直接影响输入数据的质量和至少 30% 的应用效果。

通过适当的光源照明设计，图像中的目标信息与背景信息得到最佳分离，可以大大降低图像处理算法分割、识别的难度，同时提高系统的定位、测量精度，使系统的可靠性和综合性能得到提高；反之，如果光源设计不当，会导致在图像处理算法设计和成像系统设计中事倍功半。因此，光源及光学系统设计的成败是决定系统成败的首要因素。在机器视觉系统中，光源的作用至少有以下几种：

1）照亮目标，提高目标亮度。
2）形成最有利于图像处理的成像效果。
3）克服环境光干扰，保证图像的稳定性。
4）用作测量的工具或参照。

由于没有通用的机器视觉照明设备，所以针对每个特定的应用实例，要设计相应的照明装置，以达到最佳效果。机器视觉系统的光源价值也正在于此。

光源可分为可见光和不可见光。可见光的缺点是光能不能保持稳定。一方面，如何使光能在一定的程度上保持稳定，是实用化过程中急需要解决的问题。另一方面，环境光有可能影响图像的质量，所以可采用加防护屏的方法减少环境光的影响。

照明系统按其照射方法可分为背向照明、前向照明、结构光和频闪光照明等。其中，背向照明是被测物放在光源和摄像机之间，它的优点是能获得高对比度的图像。前向照明是光源和摄像机位于被测物的同侧，这种方式便于安装。结构光照明是将光栅或线光源等投射到被测物上，根据它们产生的畸变，解调出被测物的三维信息。频闪光照明是将高频率的光脉冲照射到物体上，摄像机拍摄要求与光源同步。

选择光源注意事项：
1）光源的稳定均匀。
2）摄取图像时，应鲜明地获得被测物与背景的浓淡差，使得被测物与背景明显区分。
3）图像处理技术手法目前常选用二值化（白黑）处理。

为了能够突出特征点，将特征图像突出，在打光手法上，常用的有明视野与暗视野。
1）明视野：用直射光观察对象物整体（散乱光呈黑色）。
2）暗视野：用散乱光观察对象物整体（直射光呈白色）。

具体的光源选取方法还在于试验的实践经验。

六、知识拓展

（一）机器视觉系统的组成

1）光源是机器视觉系统中重要的组件之一，其目的是将被测物体与背景尽量明显分别，以获得高品质、高对比度的图像。因此，一个合适的光源是机器视觉系统正常运行的必备条件。光源主要分为三种：高频荧光灯、卤素灯和 LED 光源。三者中，LED 光源相对高频荧光灯和卤素灯具有更高的性价比，它的主要优势有以下几点。

① 可制成各种形状、尺寸及各种照射角度，可以根据需要制成各种颜色，并可以自由调节亮度，可以根据客户需要进行自由设计。

② 使用寿命长（约 30000h，间断使用寿命更长），运行成本低，在综合成本和性能方面有巨大优势。

③ 反应快捷，可在 $10\mu s$ 甚至更短的时间内达到最大亮度。电源带有外触发，可以通过计算机控制。

2）尽管照相机、分析软件和照明对于机器视觉系统都是十分重要的，可最关键的元件还是工业相机镜头。若想系统完全发挥其功能，镜头必须要能够满足要求才行。当为控制系统选择镜头时，应考虑四个主要因素：可以检测物体类别和特性、景深或焦距、加载和检测距离、运行环境。

3）机器视觉相机的目的是将通过镜头投影到传感器的图像传送到能够储存、分析和（或者）显示的机器设备上，按照芯片类型可以分为 CCD 相机、CMOS 相机。

CCD 和 CMOS 是现在普遍采用的两种图像工艺技术，它们之间的主要差异在于传送方式的不同，二者的性能方面也有很大区别，主要表现为以下几点。

① 噪声差异：由于 CMOS 的每个光电二极管都需要搭配一个放大器，而 CCD 只需要一个放大器放在芯片边缘，与 CMOS 相比，它的噪声相对减小很多，大大提高了图像品质。

② 耗电量差异：CCD 的耗电量远远高出 CMOS，CMOS 的耗电量仅是 CCD 的 $1/10 \sim 1/8$。

③ 分辨率差异：读取信号时，CMOS 是点直接读取信号，CCD 则是行间接读取信号，因此在像素尺寸相同的情况下，CMOS 的灵敏度要低于 CCD。

④ 成本差异：由于 CMOS 与现有的集成电路生产工艺大致相同，可以一次全部整合周边设施到传感器芯片中；而 CCD 采用电荷传递的方式输出数据，只要其中有一个像素传送出现故障，就会导致一整排的数据无法正常传送。因此，CCD 的制造成本相对高于 CMOS 传感器。

4）在机器视觉检测系统中，图像采集卡是机器视觉系统中的一个重要部件，它是图像采集部分和图像处理部分的接口，一般具有以下功能模块。

① 图像信号的接收与 A/D 转换模块，负责图像信号的放大与数字化。有用于彩色或黑白图像的采集卡。彩色输入信号可分为复合信号或 RGB 分量信号。

② 摄像机控制输入/输出接口 S，主要负责协调摄像机进行同步或实现异步重置拍照、定时拍照等。

③ 总线接口，负责通过 PC 内部总线高速输出数字数据，一般是 PCI 接口，传输速率高达 130Mbit/s，完全能胜任高精度图像的实时传输，且占用较少的 CPU 时间。在选择图像采集卡时，主要应考虑系统的功能需求、图像的采集精度和与摄像机输出信号的匹配等因素。

5）图像处理软件是机器视觉的"大脑"，用软件对图像进行处理的过程是整个机器视觉技术的核心。只有在软件将采集到的图像数据化以后，机器才能进行识别和检测等操作。机器视觉图像处理软件的选择决定着检测算法的准确性。只有优秀的机器视觉图像处理软件，才能进行快速而又准确的检查，且减少对硬件系统的依赖性。

（二）机器视觉技术在各领域质量检测中的应用

由于机器视觉系统可以快速获取大量信息，而且易于自动处理，也易于同设计信息以及加工控制信息集成，因此，在现代自动化生产过程中，人们将机器视觉系统广泛地用于印刷品、布匹、电子器件等产品的质量检测、识别、尺寸测量等方面。

机器视觉系统的特点是提高生产的柔性和自动化程度。在一些不适合人工作业的危险工作环境或人工视觉难以满足要求的场合，常用机器视觉替代人工视觉；同时在大批量工业生产过程中，用人工视觉检查产品质量效率低且精度不高，用机器视觉检测可以大大提高生产效率和生产的自动化程度。而且机器视觉易于实现信息集成，是实现计算机集成制造的基础技术。

以机器视觉用于印刷行业中质量检测为例，摄像机拍摄（采集）印刷品上的图像与该印刷品的标准图像（模板）相匹配比较，检测印刷品颜色缺陷（如露印检测、浅印检测、偏色检测、露白检测等）；材质缺陷检测（如孔洞检测、异物检测）；印刷缺陷检测（如残缺检测、刀丝检测、飞墨检测、露印检测、套印误差检测）；二维码缺陷检测（如重号检测、偏位检测、不匹配检测等）。

采用视觉检测系统进行质量检测除了可以提供检测全过程的实时报警和详尽、完善的分析报告外，现场操作者还可根据全自动检测系统的实时报警及分析报告对工作中出现的问题进行相应的调整，并且管理者还可以依据检测结果的分析报告对生产过程进行跟踪，有利于生产技术的管理。也就是说，质量检测设备不仅可以提升成品的合格率，还能够协助生产商改进工艺流程，建立质量管理体系，达到一个长期稳定的质量保障。

七、评价反馈

评价反馈见表 2-1。

表 2-1 评价表

基本素养（30 分）

序号	评估内容	自评	互评	师评
1	纪律（无迟到、早退、旷课）（10 分）			
2	安全规范操作（10 分）			
3	团结协作能力、沟通能力（10 分）			

理论知识（30 分）

序号	评估内容	自评	互评	师评
1	视觉系统的应用（5 分）			
2	视觉检测工艺流程（5 分）			
3	网络配置（5 分）			
4	对视觉控制器的认知（5 分）			
5	对触摸屏的认知（5 分）			
6	对 H3U PLC 的认知（5 分）			

技能操作（40 分）

序号	评估内容	自评	互评	师评
1	独立完成视觉检测操作（10 分）			
2	拍照参数设置（10 分）			
3	通过触摸屏手动控制拍照（10 分）			
4	触摸屏组态（10 分）			
	综合评价			

八、练习题

环形装配检测机构 180°位置处气爪上分别装上红、黄、蓝三种不同颜色的按钮灯，利用 PLC 控制相机对按钮灯拍照并进行质量检测，触摸屏上显示颜色图案。

1. 根据要求完成视觉系统程序编写与调试。

编写视觉程序，使其能够识别按钮灯颜色，可通过视觉检测系统界面上的"检测"按钮验证颜色，并通过现场总线传送到 PLC。

要求：

1）设置视觉检测通信地址为 192.168.1.27。

2）通信方式为 MODBUS – TCP。

3）站类型：MODBUS – TCP 从站。

2. 根据要求完成触摸屏程序编写与调试。

编写触摸屏程序，使触摸屏包含拍照按钮和视觉颜色检测结果图案。

项目三

四轴SCARA机器人上料编程与调试

一、学习目标

1. 掌握四轴 SCARA 机器人用户坐标系的建立。
2. 掌握四轴 SCARA 机器人程序的编写及点位示教。
3. 了解并掌握基坐标系下各轴的运动状态。
4. 能进行四轴 SCARA 机器人运行轨迹的分析。
5. 能利用四轴 SCARA 机器人完成按钮灯组件的上料操作。

二、工作任务

（一）任务描述

如图 3-1a 所示，按钮灯组件布置于原料库中相应位置，采用四轴 SCARA 机器人对按钮灯组件进行上料，完成上料后，环形装配检测机构 0°位置处按钮灯组件如图 3-1b 所示。

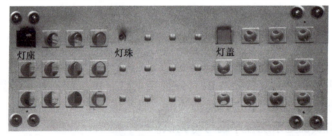

a) 原料库中待上料的按钮灯组件

b) 环形装配检测机构0°位置处按钮灯组件

图 3-1 上料前后的按钮灯组件

（二）技术要求

1) 根据按钮灯组件尺寸选择合适的夹具，使机器人正常控制夹具。
2) 准确建立四轴 SCARA 机器人用户坐标系。
3) 四轴 SCARA 机器人取放按钮灯组件定位准确。
4) 四轴 SCARA 机器人手动单步或自动连续运行。
5) 四轴 SCARA 机器人根据任务要求流畅运行。
6) 轨迹点要求准确，不允许出现卡顿与碰撞现象。
7) 按钮灯组件表面清洁、无刮痕、无损坏。
8) 安全操作四轴 SCARA 机器人。

（三）所需设备

四轴 SCARA 机器人本体及其控制系统、环形装配及检测机构、原料库等如图 3-2 所示。

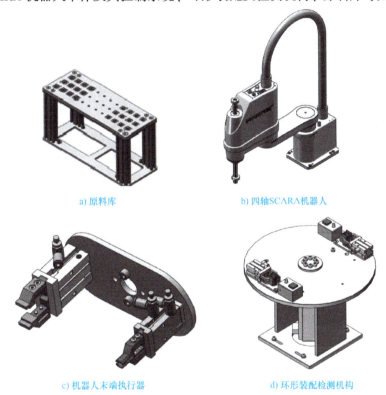

a) 原料库 b) 四轴SCARA机器人

c) 机器人末端执行器 d) 环形装配检测机构

图 3-2 四轴 SCARA 机器人实训系统组成

三、知识储备

如图 3-3 所示，与六轴工业机器人相似，四轴 SCARA 机器人主要由两部分组成：一是机器人本体部分，即机械手；另一部分是机器人的控制系统，它主要由控制柜和示教器构成。机器人控制器安装于机器人控制柜内部，控制机器人的伺服驱动、输入/输出等主要执

行设备,示教器作为上位机通过电缆连接到机器人控制柜,并通过以太网与控制器进行通信。通过示教器对机器人可以进行以下控制:

1) 手动控制机器人运动。
2) 机器人程序示教编程。
3) 机器人程序自动运行。
4) 机器人运行状态监视。
5) 机器人控制参数设置。

a) 控制柜

b) 机器人本体

c) 示教器

图 3-3 四轴 SCARA 机器人系统组成

与六轴工业机器人不同的是,四轴 SCARA 机器人具有 4 个自由度。

(一) 四轴 SCARA 机器人规格参数

四轴 SCARA 机器人规格参数见表 3-1。

表 3-1 四轴 SCARA 机器人规格参数

项 目		参 数
控制系统		IMC100
负载	额定值	1.0kg
	最大值	3.0kg
重复定位精度	J1 + J2	±0.01mm
	J3	±0.01mm
	J4	< ±0.02°

(续)

项　　目		参　　数
标准循环时间		0.42s
最大运动速度	J1+J2	5420mm/s
	J3	800mm/s
	J4	2000°/s
最大运动范围	J1	±132°
	J2	±151°
	J3	120/150mm
	J4	±360°

(二) 四轴 SCARA 机器人示教器外部按键介绍

为了控制机器人运动，操作者需要利用手持式编程器即示教器对机器人进行现场编程和调试，其外观如图 3-3c 所示，外部按键介绍见表 3-2。

表 3-2 示教器外部按键介绍

按键名称	按键图示	功　　能
急停按键		按下此键，伺服电源被切断，同时示教器屏幕上显示急停信息。排除故障后，旋转该按键可解除急停
模式切换键	 模式切换	可选择示教模式、回放模式和远程模式 示教模式：手持示教器编程 回放模式：对编程进行自动运行 远程模式：由上位机启动机器人自动运行
速度加减键	 速度+ 速度-	手动操作时，机器人运行速度的设定键 在示教模式下，使用此键直接加快速度；在回放模式下，过一段时间加到指定速度
坐标系转换键	 坐标系	手动操作时，机器人的动作坐标系选择键 可在关节、机器人、世界、工件、工具坐标系中切换，只在示教模式下使用

（续）

按键名称	按键图示	功　　能
关节键		对机器人各轴进行操作的键（注：操作时速度恰当，且伺服使能） Y1：一轴方向，Y2：二轴方向，Y3：三轴方向，Y4：四轴方向，Y5：五轴方向，Y6：六轴方向 X：世界（工具）坐标系 X 方向，A：X 方向绕行方向 Y：世界（工具）坐标系 Y 方向，B：Y 方向绕行方向 Z：世界（工具）坐标系 Z 方向，C：Z 方向绕行方向 只在示教模式下使用

（三）四轴 SCARA 机器人示教界面介绍

示教主界面共分为 5 个区域，分别为面板切换栏①、控制工具栏②、运动控制栏③、状态指示灯④和消息窗口⑤，如图 3-4 所示。

1. 面板切换栏

通过面板切换栏可显示不同的操作面板，包括编程/运行面板、监控面板和设置面板，如图 3-5 所示。

2. 控制工具栏

控制工具栏有 4 类按钮，分别为用户模式按钮、坐标系切换按钮、速度倍率/寸动选择按钮和轴组切换按钮。功能介绍见表 3-3。

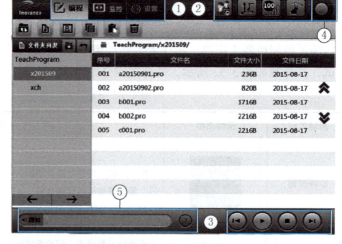

图 3-4　界面功能图

图 3-5　面板切换栏

表 3-3　控制工具栏按钮介绍

按钮名称	按钮图示	功　　能
用户模式按钮		客户模式
		编辑模式
		管理模式
		厂家模式

（续）

按钮名称	按钮图示	功　　能
坐标系切换按钮		关节坐标系
		基坐标系
		工具坐标系 （上面的数字代表选用的工具号）
		用户坐标系 （上面的数字代表选用的用户号）
速度倍率/ 寸动选择按钮		设定速度的5%运行
		设定速度的25%运行
		设定速度的50%运行
		设定速度的100%运行
		切换到寸动选择
		返回速度倍率
		设置寸动值，旋转步长0.5°， 平移步长0.5mm
		设置寸动值，旋转步长2°， 平移步长2mm
		设置寸动值，旋转步长5°， 平移步长5mm
		用户自定义寸动值

(续)

按钮名称	按钮图示	功　　能
轴组切换按钮		外部摇杆控制的轴组 J1/J2/J3（X/Y/Z）
		外部摇杆控制的轴组 J4/J5/J6（A/B/C）

3. 运动控制栏

运动控制栏用于控制程序的执行，包括单步后退、连续运行/暂停、停止和单步前进四个按钮，可在示教模式和再现运行模式下使用，具体说明见表3-4。

表3-4　运动控制栏

按钮图示	按钮功能	示教模式	回放模式
	单步后退	点动形式。一直按住会运行该行指令，直至运行完成后退至上一行指令；中途松开则立即停止	无效
	连续运行（运行时会自动切换为暂停按钮：） 	点动形式。一直按住会一直运行，直至整个程序运行结束；中途松开则立即停止	非点动形式，单击一下，程序会一直运行。再次单击会切换暂停/运行
	停止	由于示教模式下运动都是点动模式，会在连续运行按钮松开时自动停止，因此这里停止键无效	按下立即终止运行，并重置程序光标行至开头
	单步前进	点动形式。一直按住会运行该行指令，直至运行完成前进至下一行指令；中途松开则立即停止	无效

注：单步后退的特性：
1）单步后退是单步前进的逆向运动，只有先单步前进才能单步后退。
2）单步后退只针对运动指令，对于非运动指令不做处理。
3）后退最多支持9步。
4）后退的第一步总是会从当前位置走到最后一次单步前进到位的位置，若从最后一次单步前进到位的位置开始后退，则第一次后退将不做运动。

4. 状态指示灯

状态指示灯用于指示机器人当前所处的状态，包含伺服使能、急停、待机、报警和断线5种状态（**注意**：只有处于使能状态时机器人才能运动）。状态指示灯具体介绍见表3-5。

表 3-5 状态指示灯介绍

指示灯名称	指示灯图示	指示灯功能
伺服指示灯		灯亮时，急停按钮被松开，伺服系统被使能，可进行示教和再现
急停指示灯		灯亮时，急停按钮被按下，机器人不能运动
待机指示灯		灯亮时，急停按钮松开，伺服系统尚未使能
报警指示灯		灯亮时，系统出现异常，需要用户处理
断线指示灯		灯亮时，网络连接断开，不能与控制器通信

5. 消息窗口

消息窗口能显示提示信息和报警信息。例如，以客户模式进行 SD 卡格式化操作（SD 卡格式化需要管理者权限，高于客户权限），消息窗口会出现权限的提示信息，如图3-6 所示。

图 3-6 消息窗口

编程运行面板共分为 3 个区域，分别为文件编辑工具栏①、文件夹列表②和程序文件列表③，如图3-7 所示。

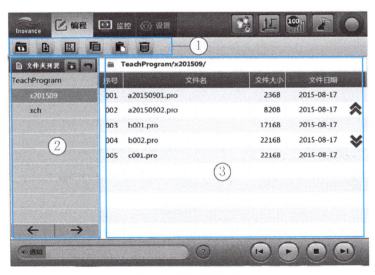

图 3-7 编程/运行面板

(1) 文件编辑工具栏 (见图 3-8)

通过文件编辑工具栏中的工具按钮可新建、删除程序文件，也可对已有的文件进行复制、粘贴。

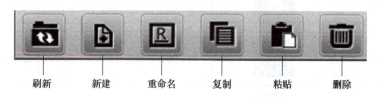

图 3-8　文件编辑工具栏

单击新建按钮创建一个新的程序文件，弹出如图 3-9 所示的对话框。

(2) 文件夹列表

显示全部文件夹，使用文件夹便于对程序进行分类管理，每个文件夹中可包含多个程序文件。

(3) 程序文件列表

显示当前文件夹下的所有程序，程序按字母 a～z、数字 0～9 的顺序排列，双击某个程序的文件名可以将其打开，打开后如图 3-10 所示。

图 3-9　新建文件

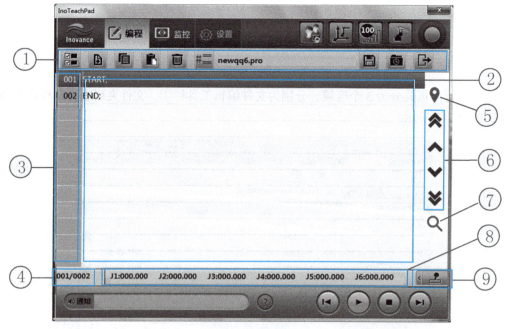

图 3-10　程序编辑界面

程序编辑界面共分为 9 个区域，分别为程序编辑工具条①、程序指令编辑区②、程序行号区③、当前行/总行数④、定位按钮⑤、页面滚动条⑥、搜索/替换按钮⑦、坐标显示区⑧和示教面板按钮⑨。程序编辑界面介绍见表 3-6。

表 3-6　程序编辑界面介绍

编号	名称	描述
1	程序编辑工具条	对程序文件进行编辑操作
2	程序指令编辑区	该区域显示程序指令的具体内容,单击可选中某行,被选中的行变为蓝色,双击某行可修改该行指令
3	程序行号区	显示每条指令所在行的行号
4	当前行/总行数	显示被选中的命令行的行号和该程序当前包含的总行数
5	定位按钮	单击该按钮,在弹出窗口输入行号,光标可跳转到指定行
6	页面滚动条	单击单箭头,光标跳转一行;单击双箭头,程序翻页
7	搜索/替换按钮	搜索或替换程序中的内容
8	坐标显示区	显示机器人当前坐标信息
9	示教面板按钮	单击该按钮,调出示教控制面板,即轴控制虚拟按钮

(四) 四轴 SCARA 机器人编程指令

四轴 SCARA 机器人示教器编程指令见表 3-7。

表 3-7　机器人示教器编程指令

程序	功能	参数说明	使用范例
Jump	以门方式移动至目标位置,运动轨迹为门形	P**:位置点标号 V[X]:运行速度 Z[3]:插补准确度等级 User[用户号]:选用某个用户坐标系 Tool[工具号]:选用某个工具 LH[***]:起始位置处的提升高度 MH[***]:运行过程中最高点相对于基坐标系零点的高度 RH[***]:到终止位置的下降高度	JumpP[1],V[30],Z[3],User[1],Tool[1],LH[60],MH[130],RH[60];
数值运输		I:整型变量 B:布尔型变量 R:实型变量	I1=1;B2=2;R0=3 分别将1、2、3赋值给I1、B2、R0
L Goto	L用于设置程序标签,常与跳转指令 Goto 配合使用,完成跳转动作	L=<x>:编辑程序序号 Goto L[X]:前往某程序	L[1] ... Goto L[2] L[2] ...
WaitInPos	等待上指令结束		
Pallet	托盘指令	Pallet (A.B.C.D) A:行;B:列;C:层数;D:层高	Pallet (5.2.4.0) 形成5列2行4层0层高的托盘

(续)

程序	功能	参数说明	使用范例
P = Pallet	调用托盘指令	P * * : 所需点 Pallet（A.B.C.D）：所调用托盘点位置	P1 = Pallet1 (1.1.1.0) P1 点坐标调用 Pallet1 托盘中 1 行 1 列 1 层的点位置
Set	处理端口信号	I = <变量 ID> I 表示整型变量，可用以下类型： B：布尔型变量 I：整型变量 R：实型变量 P：位置型变量	Set Out [1], ON; 端口 1 打开

While	条件满足时，进入循环；条件不满足时，退出循环	While <条件>
		　　<语句1>；
		　　…
		EndWhile;
			While LB [0] < 3
			Movj P [2], V [50], Z [3];
			Movj P [1], V [50], Z [3];
			Incr LB [0];
			EndWhile;
			End;
			当布尔型变量 B < 3 时，执行，否则跳出

For	带执行次数的循环语句	For <赋值表达式>，<条件表达式>，Step [步长] <语句>；	For B0 = 0, B0 < 5, Step [2]; Movj P [2], V [50], Z [3]; Movj P [3], V [50], Z [3]; EndFor; 设 B0 = 0，每次执行完程序 B0 + 2 当 B0 > = 5 时，跳出循环

If	判断语句	I = <变量号>
		变量号取值为 1~96
		I：整型变量
		B：布尔型变量
		R：实型变量
		判断条件：
		可选择以下判断条件：
		= =：等于
		>：大于
		<：小于
		> =：大于或等于
		< =：小于或等于
			If I = 001 < I = 002 THEN
			程序 1
			Else
			程序 2
			EndIf
			如果 I001 < I002，则运行程序 1，否则执行程序 2

项目三　四轴SCARA机器人上料编程与调试

(续)

程序	功能	参数说明	使用范例
Home	回工作原点	V [xx]：运行速度 Home [原点号]：所设置点	Home [原点号], V [＊＊＊]；

其余未介绍的指令为机器人编程不需要或很少用到的程序指令，若需了解，请查看机器人控制系统编程手册 v8.0 中程序指令部分。

(五) 四轴 SCARA 机器人坐标系设置

在坐标系设置中可以定义工具坐标和用户坐标系。设置界面如图 3-11 所示。

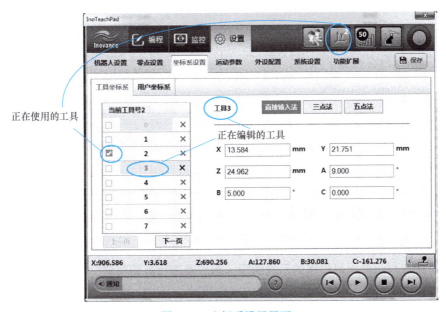

图 3-11　坐标系设置界面

工具号 0 为默认的工具坐标系，代表不带工具，是不可编辑的。用户号 0 为默认的用户坐标系，代表用户坐标系取基坐标系，也是不可编辑的。

注意：左侧工具号列表栏的选中状态。前面的勾选框代表正在使用的工具号，正在使用的工具号也同步会显示在右上角工具栏上；数字代表当前正在编辑的工具，其工具号也会显示在右边的编辑区。同理用户号也有这种区分。

用户坐标系的设置参数是用户坐标系在基坐标系中的坐标，可以直接输入，也可使用三点法获得。用户坐标系三点概念与工具坐标系不同，如图 3-12 所示，

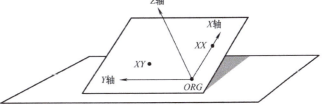

用户坐标系定义点
ORG：原点位置
XX：X轴上的点
XY：XY平面上的点

图 3-12　用户坐标系的设置方法

第一点取用户坐标系的原点,第二点取 X 轴正方向上一点,第三点取 XY 平面上 Y 轴正方向的一点,其他操作与工具坐标系相同。

特别地,对于 SCARA 用户坐标系 Z 的正方向应与基坐标系 Z 的正方向成锐角,见表 3-8,否则系统将报警。因此,对于 SCARA 由于基坐标系 Z 正方向向上,故用户坐标系 Z 正方向应被定义为相对朝上的状态。

表 3-8 SCARA 用户坐标系 Z 的正方向

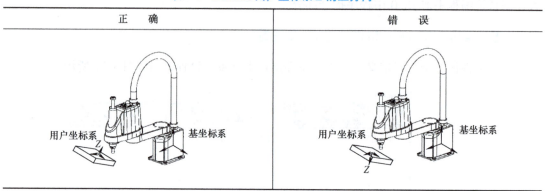

正 确	错 误

四、实践操作

(一) 运动规划与程序流程

1. 轨迹规划

要完成按钮灯组件上料程序的示教编程,首先要进行运动规划,即要进行动作规划和路径规划,如图 3-13 所示。

(1) 动作规划

本项目要完成的任务是将按钮灯组件搬运至环形装配检测机构上对应的固定位置,因此机器人执行动作可分解为"灯盖上料""灯珠上料"和"灯座上料"三个子任务,也可以将"灯盖上料"和"灯珠上料"组合为一个子任务。

每一个子任务分解为机器人的一系列动作,"灯盖、灯珠上料"可以进一步分解为"回参考点""抓取灯盖""抓取灯珠""放置灯珠""放置灯盖","灯座上料"可以进一步分解为"抓取灯座""放置灯座""回参考点"。

(2) 路径规划

路径规划是将每一个动作分解为机器人 TCP 的运动轨迹,考虑到机器人姿态及机器人与周围设备的干涉,每一个动作需要对应由一个或多个点形成运动轨迹,如图 3-13 所示。

"回参考点"对应"Home 点";"抓取灯盖"分为"移到灯盖抓取安全点""移到灯盖抓取点""气爪夹紧灯盖""移动灯盖至抓取安全点",对应移动参考点 P1、P2、P1;"抓取灯珠"分为"移到灯珠抓取安全点""移到灯珠抓取点""气爪夹紧灯珠""移到灯珠至抓取安全点",对应移动参考点 P3、P4、P3;"放置灯珠"分为"移到灯珠放置安全点""移到灯珠放置点""气爪松开灯珠""移到灯珠放置安全点",对应移动参考点 P5、P6、P5;

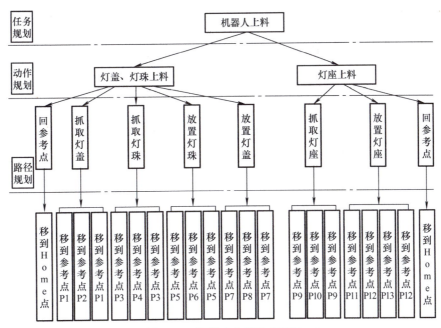

图3-13 机器人上料运动规划

"放置灯盖"分为"移到灯盖放置安全点""移到灯盖放置点""气爪松开灯盖""移到灯盖放置安全点",对应移动参考点P7、P8、P7。

"抓取灯座"分为"移到灯座抓取安全点""移到灯座抓取点""气爪夹紧灯座""移到灯座抓取安全点",对应移动参考点P9、P10、P9;"放置灯座"分为"移动到中间过渡点""移到灯座放置安全点""移到灯座放置点""气爪松开灯座""移到灯座放置安全点",对应移动参考点P11、P12、P13、P12;"回参考点"对应"Home点"。

2. 程序流程

工业机器人搬运程序整个工作流程包括"抓取工件""搬运工件"和"放下工件",如图3-14所示。

(二)示教前的准备

(1)参数设置(包含坐标模式、运动模式、速度)

四轴SCARA机器人有四种坐标模式:关节坐标、基坐标、工具坐标和用户坐标。选定关节坐标模式,可以手动控制机器人单关节运动;选定基坐标、工具坐标和用户坐标模式,可以手动控制机器人在相应坐标系运动。

四轴SCARA机器人有4种手动速度倍率:5%、25%、50%、100%,也可以微调。手动模式下通常不超过30%。为了安全起见,手动操作时通常选用较低的速度。

在示教过程中,需要在一定坐标模式和操作速度下手动控制机器人到达一定位置。因此,在示教运动指令前,必须选定坐标模式和操作速度,本项目选定基坐标和30%速度倍率。

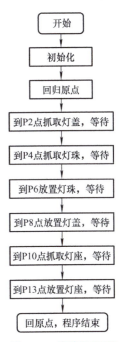

图3-14 程序流程图

(2) I/O 配置

气爪用来抓取和释放按钮灯组件,气爪的打开和关闭需要通过 I/O 接口信号控制,四轴 SCARA 机器人控制系统提供了 I/O 通信接口,3 号 I/O 通信接口控制大气爪,4 号 I/O 通信接口控制小气爪。

(三) 用户设置

开机后,单击示教器屏幕上方的"设置"→"系统设置"→"用户设置"按钮,进入用户设置界面,如图 3-15 所示。选择编辑模式,在密码框中输入 6 个 0,单击"登录"按钮进入用户编辑模式。

图 3-15 用户设置

(四) 程序新建

在用户编辑界面选择根目录"Offline TeachProgram",单击示教器屏幕左上方"新建"按钮,弹出图 3-16 所示"新建文件"对话框,输入文件名,单击"确定"按钮,完成程序的新建。

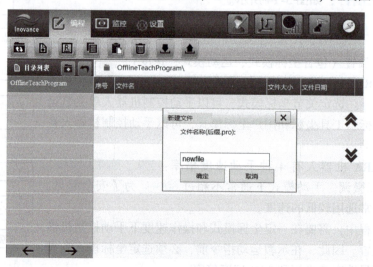

图 3-16 新建文件名

（五）示教编程

1. 打开程序

双击图 3-16 所示新建的文件名，打开程序编辑器如图 3-17 所示。程序编辑器中有两行程序，其中，"START"表示初始化，"END"表示程序结束。

图 3-17　程序编辑器

2. 示教：回 Home 点

无须使用示教器手动操作机器人移动到合适位置，因为机器人的 Home 点默认。将光标移至"START"程序行，单击示教器屏幕左上方"新建"→"运动指令"→"Home"，添加"Home"指令，如图 3-18 所示。

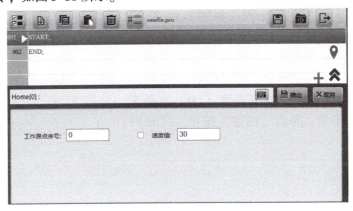

图 3-18　添加"Home"指令

3. 示教 I/O：气爪打开

将光标移至"Home"指令行，单击示教器屏幕左上方的"新建"→"信号处理指令"→"Set Out［3］"，添加"Set Out"指令，如图 3-19 所示。在输出端口号文本框中输入"3"，选择"OFF"，单击"确定"按钮，松开大气爪。同样的方法，通过"4"号端口松开小气爪，指令行如图 3-20 所示。

图 3-19 大气爪松开

图 3-20 小气爪松开

4. 示教 P1 点（灯盖抓取安全点）

手动操作机器人移动到 P1 点，如图 3-21 所示。将光标移至"Set Out[4]"指令行，单击示教器屏幕左上方的"新建"→"运动指令"→"Jump"，添加"Jump"指令，如图 3-22 所示。将当前点新增为 P1 点，可以修改速度（V）、起始点高度（LH）和最高点高度（MH）等参数，单击"确定"按钮，完成 P1 点示教。

图 3-21 机器人移动到 P1 点

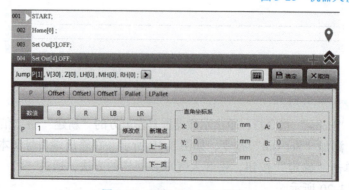

图 3-22 添加"Jump"指令

5. 示教 P2 点（灯盖抓取点）

手动操作机器人移动到 P2 点，如图 3-23 所示。将光标移至"Jump"指令行，单击示教器屏幕左上方的"新建"→"运动指令"→"Movl"，添加"Movl"指令，如图 3-24 所示。将当前点新增为 P2 点，可以修改速度（V）为 10，单击"确定"按钮，完成 P2 点示教。

6. 示教 I/O：大气爪夹紧灯盖

将光标移至"Movl"指令行，单击示教器屏幕左上方的"新建"→"信号处理指令"→"Set Out"，添加"Set Out"指令，如图 3-25 所示。在输出端口号文本框中输入"3"，选择"ON"，单击"确定"按钮，大气爪夹紧灯盖。

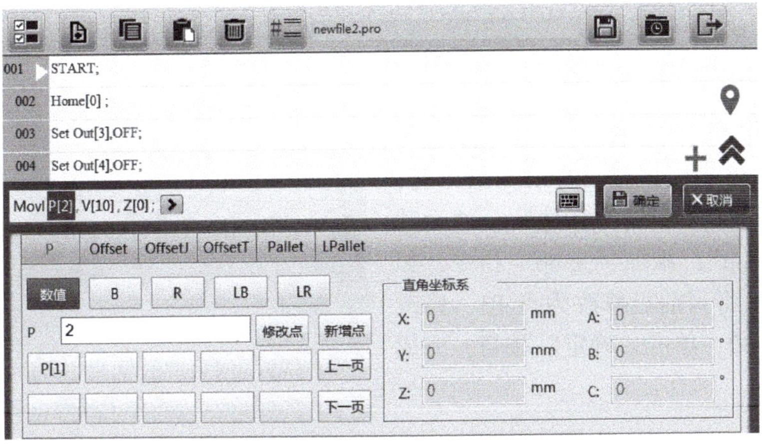

图 3-23 机器人移动到 P2 点

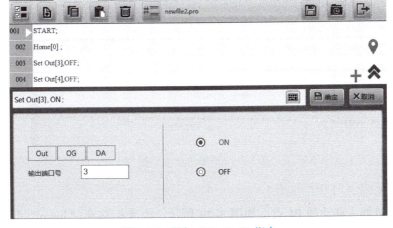

图 3-24 添加"Movl"指令

图 3-25 添加"Set Out"指令

7. 再次示教 P1 点（灯盖抓取安全点）

手动操作机器人移动到 P1 点，如图 3-21 所示，将光标移至"Set Out［3］"指令行，单击示教器屏幕左上方的"新建"→"运动指令"→"Movl"，添加"Movl"指令，如图 3-26 所示。将当前点修改为点 P1，单击"确定"按钮，再次完成 P1 点示教。

图 3-26 添加"Movl"指令

8. 示教 P3 点（灯珠抓取安全点）

手动操作机器人移动到 P3 点，如图 3-27 所示，将光标移至"Movl"指令行，单击示教器屏幕左上方的"新建"→"运动指令"→"Jump"，添加"Jump"指令，如图 3-28 所示。将当前点修改为点 P3，修改速度（V）为 30，单击"确定"按钮，完成 P3 点示教。

图 3-27 机器人移动到 P3 点

图 3-28 添加"Jump"指令

9. 示教 P4 点（灯珠抓取点）

手动操作机器人移动到 P4 点，如图 3-29 所示，将光标移至"Jump"指令行，单击示教器屏幕左上方的"新建"→"运动指令"→"Movl"，添加"Movl"指令，如图 3-30 所示。将当前点修改为点 P4，修改速度（V）为 10，单击"确定"按钮，完成 P4 点示教。

图 3-29 机器人移动到 P4 点

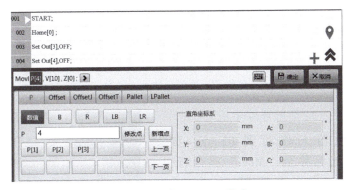

图 3-30 添加"Movl"指令

10. 示教 I/O：小气爪夹紧灯珠

将光标移至"Movl"指令行，单击示教器屏幕左上方的"新建"→"信号处理指令"→"Set Out"，添加"Set Out"指令，如图 3-31 所示。在输出端口号文本框中输入"4"，选择"ON"，单击"确定"按钮，小气爪夹紧灯珠。

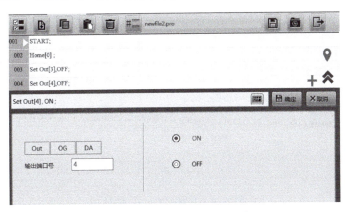

图 3-31 添加"Set Out"指令

11. 再次示教 P3 点（灯珠抓取安全点）

手动操作机器人移动到 P3 点，如图 3-27 所示，将光标移至"Set Out"指令行，单击示教器屏幕左上方的"新建"→"运动指令"→"Movl"，添加"Movl"指令，如图 3-32 所示。将当前点修改为点 P3，单击"确定"按钮，再次完成 P3 点示教。

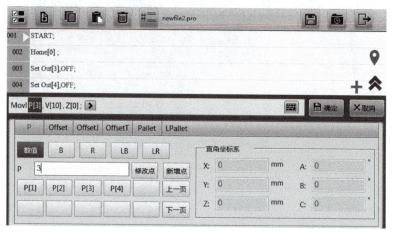

图 3-32　添加"Movl"指令

12. 示教 P5 点（灯珠放置安全点）

手动操作机器人移动到 P5 点，如图 3-33 所示，将光标移至"Movl"指令行，单击示教器屏幕左上方的"新建"→"运动指令"→"Jump"，添加"Jump"指令，如图 3-34 所示。将当前点新增为点 P5，修改速度（V）为 30，单击"确定"按钮，完成 P5 点示教。

图 3-33　机器人移动到 P5 点

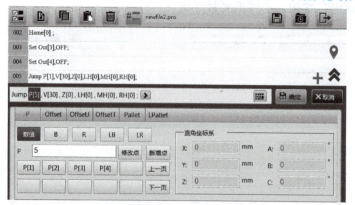

图 3-34　添加"Jump"指令

13. 示教 P6 点（灯珠放置点）

手动操作机器人移动到 P6 点，如图 3-35 所示，将光标移至"Jump"指令行，单击示教器屏幕左上方的"新建"→"运动指令"→"Movl",添加"Movl"指令,如图3-36所示。新增P6点,修改速度(V)为10,单击"确定"按钮,完成P6点示教。

14. 示教I/O:小气爪松开灯珠

将光标移至"Movl"指令行,单击示教器屏幕左上方的"新建"→"信号处理指令"→"Set Out",添加"Set Out"指令,如图3-20所示。在输出端口号文本框中输入"4",选择"OFF",单击"确定"按钮,松开小气爪,放置灯珠。

图3-35 机器人移动到P6点

图3-36 添加"Movl"指令

15. 再次示教P5点(灯珠放置安全点)

手动操作机器人移动到P5点,如图3-33所示,将光标移至"Set Out"指令行,单击示教器屏幕左上方的"新建"→"运动指令"→"Movl",添加"Movl"指令,如图3-37所示。将当前点修改为点P5,单击"确定"按钮,再次完成P5点示教。

图3-37 添加"Movl"指令

16. 示教 P7 点（灯盖放置安全点）

手动操作机器人移动到 P7 点，如图 3-38 所示，将光标移至"Movl"指令行，单击示教器屏幕左上方的"新建"→"运动指令"→"Jump"，添加"Jump"指令，如图 3-39 所示。将当前点新增为点 P7，修改速度（V）为 30，单击"确定"按钮，完成 P7 点示教。

图 3-38　机器人移动到 P7 点

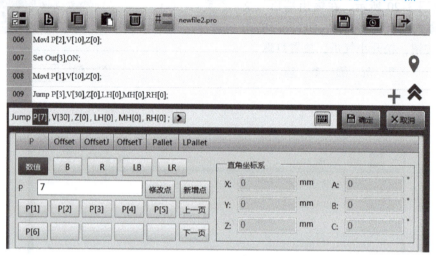

图 3-39　添加"Jump"指令

17. 示教 P8 点（灯盖放置点）

手动操作机器人移动到 P8 点，如图 3-40 所示，将光标移至"Jump"指令行，单击示教器屏幕左上方的"新建"→"运动指令"→"Movl"，添加"Movl"指令，如图 3-41 所示。新增 P8 点，修改速度（V）为 10，单击"确定"按钮，完成 P8 点示教。

18. 示教 I/O：大气爪松开灯盖

将光标移至"Movl"指令行，单击示教器屏幕左上方的"新建"→"信号处理指令"→"Set Out"，添加"Set Out"指令，如图 3-19 所示。在输出端口号文本框中输入"3"，选择"OFF"，单击"确定"按钮，松开大气爪，放置灯盖。

图 3-40　机器人移动到 P8 点

19. 再次示教 P7 点（灯盖放置安全点）

手动操作机器人移动到 P7 点，如图 3-38 所示，将光标移至"SetOut"指令行，单击示教器屏幕左上方的"新建"→"运动指令"→"Movl"，添加"Movl"指令，如图 3-42 所

项目三 四轴SCARA机器人上料编程与调试 63

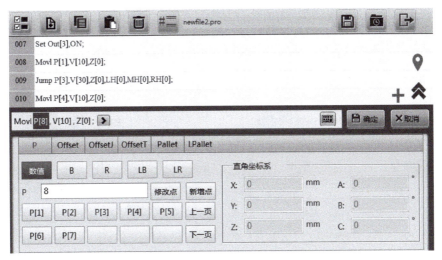

图 3-41 添加 "Movl" 指令

示。将当前点修改为点 P7，单击 "确定" 按钮，再次完成 P7 点示教。

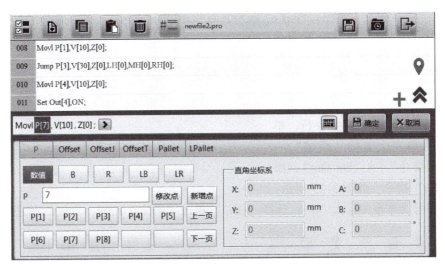

图 3-42 添加 "Movl" 指令

20. 示教 P9 点（灯座抓取安全点）

手动操作机器人移动到 P9 点，如图 3-43 所示，将光标移至 "Movl" 指令行，单击示教器屏幕左上方的 "新建" → "运动指令" → "Jump"，添加 "Jump" 指令，如图 3-44 所示。将当前点新增为点 P9，修改速度（V）为 30，单击 "确定" 按钮，完成 P9 点示教。

21. 示教 P10 点（灯座抓取点）

手动操作机器人移动到 P10 点，如图 3-45 所示，将光标移至 "Jump" 指令行，单击示教

图 3-43 机器人移动到 P9 点

图 3-44　添加"Jump"指令

器屏幕左上方的"新建"→"运动指令"→"Movl",添加"Movl"指令,如图 3-46 所示。将当前点新增为点 P10,修改速度（V）为 10,单击"确定"按钮,完成 P10 点示教。

22. 示教 I/O：大气爪夹紧灯座

将光标移至"Movl"指令行,单击示教器屏幕左上方的"新建"→"信号处理指令"→"Set Out",添加"Set Out"指令,如图 3-25 所示。

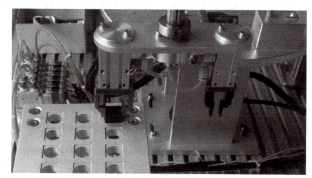

图 3-45　机器人移动到 P10 点

在输出端口号文本框中输入"3",选择"ON",单击"确定"按钮,大气爪夹紧灯座。

图 3-46　添加"Movl"指令

23. 再次示教 P9 点（灯座抓取安全点）

手动操作机器人移动到 P9 点，如图 3-43 所示，将光标移至"Set Out"指令行，单击示教器屏幕左上方的"新建"→"运动指令"→"Movl"，添加"Movl"指令，如图 3-47 所示。将当前点修改为点 P9，单击"确定"按钮，再次完成 P9 点示教。

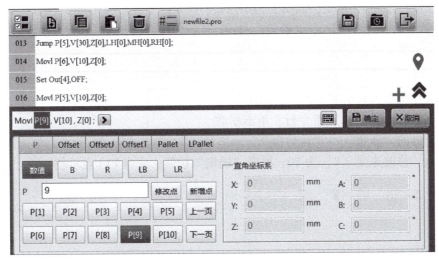

图 3-47　添加"Movl"指令

24. 示教 P11 点（过渡点）

考虑末端执行器与原料库和转台的干涉，增加一个过渡点。手动操作机器人移动到 P11 点，如图 3-48 所示，将光标移至"Movl"指令行，单击示教器屏幕左上方的"新建"→"运动指令"→"Jump"，添加"Jump"指令，如图 3-49 所示。将当前点新增为点 P11，修改速度（V）为 30，单击"确定"按钮，完成 P11 点示教。

图 3-48　机器人移动到 P11 点

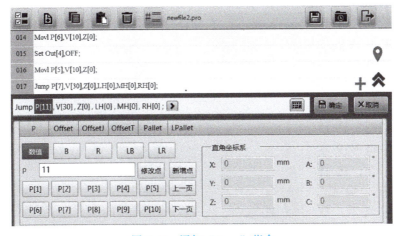

图 3-49　添加"Jump"指令

25. 示教 P12 点（灯座放置安全点）

手动操作机器人移动到 P12 点，如图 3-50 所示，将光标移至"Jump"指令行，单击示教器屏幕左上方的"新建"→"运动指令"→"Jump"，添加"Jump"指令，如图 3-51 所示。将当前点新增为点 P12，单击"确定"按钮，完成 P12 点示教。

图 3-50　机器人移动到 P12 点

26. 示教 P13 点（灯座放置点）

手动操作机器人移动到 P13 点，如图 3-52 所示，将光标移至"Jump"指令行，单击示教器屏幕左上方的"新建"→"运动指令"→"Movl"，添加"Movl"指令，如图 3-53 所示。新增 P13 点，修改速度（V）为 10，单击"确定"按钮，完成 P13 点示教。

图 3-51　添加"Jump"指令

27. 示教 I/O：大气爪松开灯座

将光标移至"Movl"指令行，单击示教器屏幕左上方的"新建"→"信号处理指令"→"Set Out"，添加"Set Out"指令，如图 3-19 所示。在输出端口号文本框中输入"3"，选择"OFF"，单击"确定"按钮，松开大气爪，放置灯座。

图 3-52　机器人移动到 P13 点

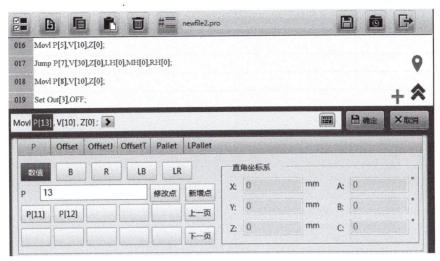

图 3-53 添加"Movl"指令

28. 再次示教 P12 点（灯座放置安全点）

手动操作机器人移动到 P12 点，如图 3-50 所示，将光标移至"Set Out"指令行，单击示教器屏幕左上方的"新建"→"运动指令"→"Movl"，添加"Movl"指令，如图 3-54 所示。将当前点修改为点 P12，单击"确定"按钮，再次完成 P12 点示教。

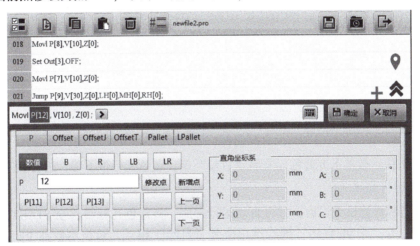

图 3-54 添加"Movl"指令

29. 示教：回 Home 点

将光标移至"Movl"指令行，单击示教器屏幕左上方的"新建"→"运动指令"→"Home"，添加"Home"指令，如图 3-18 所示。

至此，程序示教完毕，参考程序如图 3-55 所示。

（六）运行程序

1. 试运行程序

示教完成后，保存程序，将蓝色光标带移至 START 指令行。按住示教器背后的"使

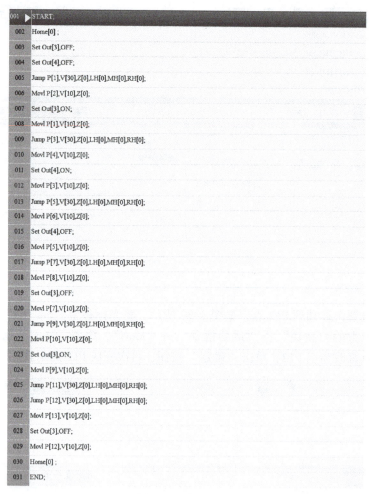

图 3-55　参考程序

能"键,再按住示教器下方蓝色三角形"启动"键,蓝色光标带下移,进行程序试运行。

2. 自动运行程序

在试运行程序测试无误后,方可自动运行程序。将蓝色光标带移至 START 指令行,单击示教器左上方"手动/自动"模式键切换至"自动"模式,长按示教器下方蓝色三角形"启动"键,即可实现机器人的自动运行。

3. 加载程序

程序必须加载到内存中才能运行,选择所保存目录下的程序文件名,双击即可完成程序的加载。

五、问题探究

(一) 四轴 SCARA 机器人奇异位置

在非关节坐标系下运动时,机器人可能会运动到某些特殊位置,此时机器人会失去一些运动自由，这些特殊的位置称为奇异位置。

在关节插补 Movj 中，奇异位置并不会影响正常运动。而在直线插补 Movl、圆弧插补 Movc 过程中，奇异位置会使机器人不能正常运行。遇到奇异位置报警时，可利用关节运动模式退出奇异位置。

四轴 SCARA 机器人只存在一个奇异位置，如图 3-56 所示，处于 $J2 = 0°$ 时，第 1、2 臂摆成一条直线。

（二）四轴 SCARA 机器人原点调整

1. 原点调整说明

所谓原点，也称为零点。是机械手工作的参考点及基准点。如果更换机械手的部件（电动机、减速机、同步皮带、电缆等），电动机侧保存的原点与控制器侧保存的原点之间则会产生偏差，无法进行正确的定位。因此，部件更换之后，应进行原点调整。

2. 原点调整步骤

需对机械手的作业点进行坐标计算时，第 2 轴的精度是非常重要的。进行第 2 轴的原点调整时，应根据向导"利用右手腕/左手腕法则进行原点调整"操作。详情请参阅下文"第 2 轴的正确原点调整"。从机械手结构上讲，不能进行仅限于第 4 轴的原点调整，第 4 轴与第 3 轴请同时进行。

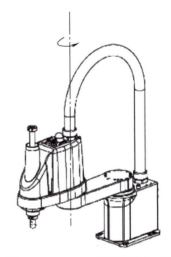

图 3-56　SCARA 奇异位置 $J2 = 0°$

（1）登录用户权限

1）手持示教盒，在主界面单击选择"设置"→"系统设置"→"用户设置"，打开用户设置界面。

2）在密码输入框输入密码，并单击"登录"按钮，如图 3-57 所示。

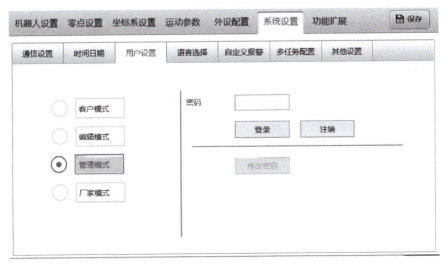

图 3-57　登录界面

（2）切换到紧急停止状态

1）手持示教盒，按下红色急停按钮。

2）示教盒显示屏右上角的状态指示灯显示为"急停状态"。

（3）切换到绝对零点设置界面

手持示教盒，在主界面单击选择"设置"→"零点设置"→"绝对零点"，打开绝对零点设置界面，如图 3-58 所示。

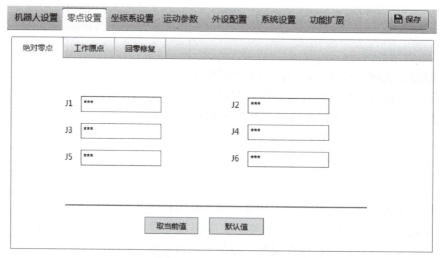

图 3-58　零点设置界面

（4）手动将机器人各个轴移动到零点附近

1）可以使用手持示教盒上的摇杆或示教软件上的操作界面（见图 3-59），将机器人移动到零点附近。参考"示教软件手册/ 编程手册"。

2）也可以在未使能的状态下，用手推动机械手，使其到达零点附近。

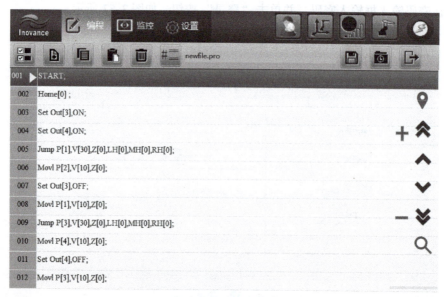

图 3-59　操作界面

(5) 获取零点信息并保存

1) 移动到零点位置时，单击"取当前值"按钮，获取机器人处于零点位置时的编码器脉冲数。

2) 单击"保存"按钮，完成原点调整，如图3-60所示。

3. 各轴零点位置

1) J1轴（第1轴）零点位置（见图3-61）：与机器人坐标系 Y 坐标轴重叠的位置。

2) J2轴（第2轴）零点位置（见图3-62）：与机器人坐标系 Y 坐标轴重叠的位置。

图3-60 保持零点

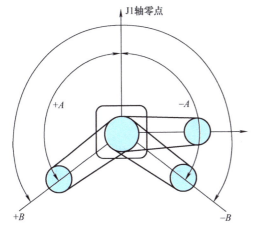

图3-61 J1轴零点位置示意图

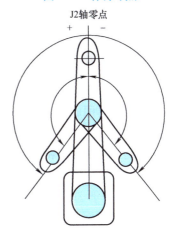

图3-62 J2轴零点位置示意图

3) J3轴（第3轴）零点位置（见图3-63）：J3轴在上限位置时为零点位置。

4) 第4轴的0脉冲位置：轴的平面（或上下机械挡块的槽）朝向第2轴顶端方向的位置，如图3-64所示。

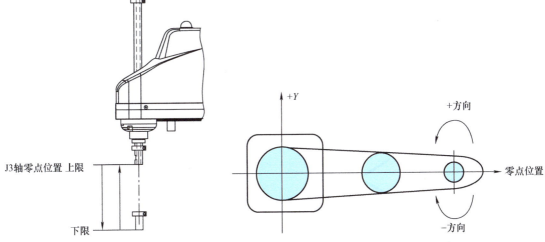

图3-63 J3轴零点位置示意图　　图3-64 J4轴零点位置示意图

4. 第 2 轴的正确原点调整

需对机械手的作业点进行坐标计算时，第 2 轴的精度是非常重要的。如果在"原点调整步骤"中进行第 2 轴的原点调整，则通过向导"利用右手腕/左手腕法则进行原点调整"操作。

步骤：

1）进行原点调整时，基准点为滚珠丝杠花键轴的中心。

2）夹具末端的中心偏离滚珠丝杠花键轴的中心时如图 3-65 所示，需要拆下夹具末端进行原点调整。

3）在轴顶端侧制作图 3-66 所示的原点调整夹具，以明确轴中心。

4）将变更右手腕/左手腕姿势时易于确认的位置作为目标点，然后在装置侧打上×号。

5）拆下夹具末端调整原点之后，安装夹具末端，将机械手移动到示教点，确认位置偏移。出现位置偏移时，应对夹具末端安装位置进行微调，然后再次进行示教。

6）利用右手腕/左手腕法则进行原点调整。

① 原点调整用点数据的确认。从右手腕、左手腕双方都可进行动作的区域开始，使用易于确认精度的点数据。确认使用点数据的编号。

② 在示教器主界面的"设置"→"零点设置"→"绝对零点"中，单击"取当前值"按钮，记录当前状态下 J2 轴的度数，记为 Enc1。

③ 手动利用右手腕姿势将机械手定位到原点调整用点数据的位置。

④ 在示教器主界面的"设置"→"零点设置"→"绝对零点"中，单击"取当前值"按钮，记录当前状态下 J2 轴的度数，记为 Enc2。

⑤ 在示教器主界面的"设置"→"零点设置"→"绝对零点"中，单击"默认值"按钮，获取当前保存的零点信息。计算（Enc1 + Enc2)/2，并将计算结果填到 J2 轴本界面下的 J2 轴输入框，单击"保存"按钮，完成第 2 轴的原点调整。

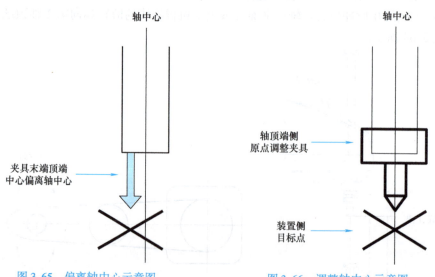

图 3-65　偏离轴中心示意图　　　　图 3-66　调整轴中心示意图

六、知识拓展

(一) 四轴 SCARA 机器人简介

四轴 SCARA 机器人是一种圆柱坐标型特殊类型的工业机器人。

四轴 SCARA 机器人有 3 个旋转关节,其轴线相互平行,在平面内进行定位和定向;另一个关节是移动关节,用于完成末端件垂直于平面的运动;手腕参考点的位置是由两旋转关节的角位移及移动关节的位移决定的。这类机器人的结构轻便、响应快,最适用于平面定位、垂直方向进行装配作业。

1978 年,日本山梨大学牧野洋发明 SCARA,该机器人具有四个轴和四个运动自由度,(包括沿 X、Y、Z 方向的平移和绕 Z 轴的旋转自由度)。

SCARA 系统在 X,Y 方向上具有顺从性,而在 Z 轴方向具有良好的刚度,此特性特别适合于装配工作,例如,将一个圆头针插入一个圆孔,故 SCARA 系统大量用于装配印制电路板和电子零部件;SCARA 的另一个特点是其串接的两杆结构,类似人的手臂,可以伸进有限空间中作业,然后收回,适合于搬动和取放物件,如集成电路板等。

如今,四轴 SCARA 机器人广泛应用于塑料工业、汽车工业、电子产品工业、药品工业和食品工业等领域。它的主要职能是搬取零件和装配工作。它的第一和第二个轴具有转动特性;第三和第四个轴可以根据工作需要的不同制造成相应多种不同的形态,并且一个具有转动、另一个具有线性移动的特性。由于其具有特定的形状,决定了其工作范围类似于一个扇形区域。

四轴 SCARA 机器人可以被制造成各种大小,最常见的工作半径为 100~1000mm,此类四轴 SCARA 机器人的净载重量为 1~200kg。

(二) 装配机器人系统的组成

1. 装配机器人(装配单元、装配线)

水平多关节型机器人是装配机器人的典型代表。它共有 4 个自由度:两个回转关节、上下移动以及手腕的转动。在一些机器人上装配各种可换手,以增加其通用性。手爪主要有电动手爪和气动手爪两种形式,气动手爪相对来说比较简单,价格便宜,因而在一些要求不太高的场合用的比较多;电动手爪造价比较高,主要用在一些特殊场合。

带有传感器的装配机器人可以更好地顺应对象物进行柔软的操作。装配机器人经常使用的传感器有视觉传感器、触觉传感器、接近觉传感器和力传感器等。视觉传感器主要用于零件或工件的位置补偿、零件的判别和确认等。触觉和接近觉传感器一般固定在指端,用来补偿零件或工件的位置误差、防止碰撞等。力传感器一般装在腕部,用来检测腕部受力情况,通常在精密装配或去飞边等需要力控制的作业中使用。

2. 装配机器人的周边设备

机器人进行装配作业时,除机器人主机、手爪、传感器外,零件供给装置和工件搬运装置也至关重要。无论从投资额的角度还是从安装占地面积的角度,它们往往比机器人主机所占的比例大。周边设备常用可编程控制器控制,此外,一般还要有台架和安全栏等设备。

1) 零件供给装置主要有给料器和托盘等。给料器用振动或回转机构把零件排齐,并逐个送到指定位置。大零件或容易磕碰划伤的零件加工完毕后，一般应放在托盘中运输，托盘装置能按一定精度要求把零件放在指定的位置，然后由机器人一个一个取出。

2）输送装置，在机器人装配线上，输送装置承担把工件搬运到各作业地点的任务，输送装置中以传送带居多。输送装置的技术问题是停止精度、停止时的冲击和减速振动，减速器可用来吸收冲击能。

七、评价反馈

评价反馈见表3-9。

表3-9 评价表

基本素养（30分）				
序号	评估内容	自评	互评	师评
1	纪律（无迟到、早退、旷课）（10分）			
2	安全规范操作（10分）			
3	团结协作能力、沟通能力（10分）			
理论知识（30分）				
序号	评估内容	自评	互评	师评
1	各种指令的应用（5分）			
2	上料工艺流程（5分）			
3	I/O单元和I/O信号的配置（5分）			
4	对坐标系的认知（5分）			
5	对运动指令的认知（5分）			
6	对逻辑指令的认知（5分）			
技能操作（40分）				
序号	评估内容	自评	互评	师评
1	独立完成上料程序的编写（10分）			
2	程序校验（10分）			
3	操作机器人运行程序实现上料示教（10分）			
4	程序自动运行（10分）			
综合评价				

八、练习题

1. 对图3-1所述任务采用托盘指令编程实现四轴SCARA机器人的取料操作，并完成上料任务。

2. 对图3-1所述任务采用上位机远程模式实现四轴SCARA机器人的自动上料。具体要求如下：

1）根据任务要求编写相应程序，逐一将原料库中按钮灯组件运送到环形装配检测机构的指定位置，信号采用现场总线控制，自动连续运行，通信地址：192.168.1.11，站类型：MODBUS-TCP从站。

2）根据任务描述完成PLC控制程序的编写与调试，实现远程控制四轴SCARA机器人对按钮灯上料，完成PLC与四轴SCARA机器人通信程序的编写，采用MODBUS-TCP通信，设置通信地址：192.168.1.16，站类型：MODBUS-TCP主站。

项目四

六轴工业机器人装配编程与调试

一、学习目标

1. 掌握六轴工业机器人工件坐标系的建立。
2. 掌握六轴工业机器人程序的编写及点位示教。
3. 了解并掌握工件坐标系下各轴的运动状态。
4. 能进行六轴工业机器人运行轨迹的分析。
5. 能利用六轴工业机器人完成按钮灯的装配和入库任务。

二、工作任务

(一) 任务描述

如图4-1所示,按钮灯散件布置于环形装配检测机构180°位置处,采用六轴工业机器人对按钮灯进行装配,并将按钮灯放入成品库。

a) 待装配按钮灯　　　　　　　　b) 库位

图4-1　待装配按钮灯散件及入库位置

(二) 技术要求

1) 根据工件尺寸选择合适的夹具，使机器人正常控制夹具。
2) 准确建立六轴工业机器人工件坐标系。
3) 六轴工业机器人取放工件定位准确。
4) 六轴工业机器人手动单步或自动连续运行。
5) 六轴工业机器人根据任务要求流畅运行。
6) 轨迹点要求准确，不允许出现卡顿与碰撞现象。
7) 工件表面清洁、无刮痕、无损坏。
8) 安全操作六轴工业机器人。

(三) 所需设备

六轴工业机器人本体及其控制系统、环形装配检测机构、成品库等如图4-2所示。

三、知识储备

如图4-3所示，六轴工业机器人主要由两部分组成：一是机器人本体部分，即机械手；另一部分是机器人的控制系统，它主要由控制柜和示教器构成。机器人控制器安装于机器人控制柜内部，控制机器人的伺服驱动、输入/输出等主要执行设备，示教器作为上位机通过电缆连接到机器人控制柜，并通过以太网与控制器进行通信。通过示教器对机器人可以进行以下控制：

1) 手动控制机器人运动。
2) 机器人程序示教编程。
3) 机器人程序自动运行。
4) 机器人运行状态监视。
5) 机器人控制参数设置。

a) 成品库

b) 六轴工业机器人

c) 机器人末端执行器

d) 环形装配检测机构

图4-2　六轴工业机器人实训系统组成

(一) 六轴工业机器人规格参数

六轴工业机器人规格参数见表4-1。

项目四 六轴工业机器人装配编程与调试

a) 控制柜

b) 机械手

c) 示教器

图 4-3 六轴工业机器人系统组成

表 4-1 规格参数

序 号	项 目	参 数
1	最大抓取质量	≥3kg
2	动作半径	≥540mm
3	重复定位精度	≥ -0.02mm 且 <0.02mm
4	最高速度	1轴：230°/s
		2轴：230°/s
		3轴：250°/s
		4轴：320°/s
		5轴：320°/s
		6轴：420°/s
5	最大动作范围	1轴：-167° ~ 167°
		2轴：-130° ~ 90°
		3轴：-75° ~ 105°
		4轴：-180° ~ 180°
		5轴：-110° ~ 110°
		6轴：-360° ~ 360°

（二）六轴工业机器人示教器外部按键介绍

为了控制机器人的运动，操作者需要利用手持式编程器，即示教器对机器人进行现场编程和调试，其外观如图 4-4 所示，外部按键界面介绍见表 4-2。

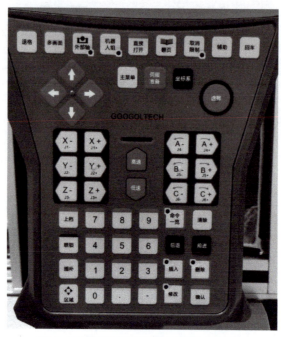

图 4-4　手持操作示教器功能键区放大图

表 4-2　示教器外部按键介绍

按键	功　能
急停键	按下此键，伺服电源被切断
模式旋钮	此旋钮可选择示教模式、回放模式和远程模式 示教模式：手持示教器编程 回放模式：对编程进行自动运行 远程模式：通过外部协议、I/O 进行控制
启动按键	按下此按键，机器人开始回放运行（按下时指示灯亮，按下前需将模式旋钮旋至回放模式，且伺服使能）
暂停键	按下此键，机器人暂停运行（此键在任何模式下均可使用） 示教模式下：机器人不能进行轴操作 回放模式下：进入暂停模式，指示灯亮起，机器人处于暂停状态（按下启动按键，可使机器人继续工作）
三段开关	按下此键，伺服电源接通（没按下前，伺服电源断开；轻轻按下，伺服灯常亮为接通状态；用力握紧，伺服电源切断）
退格	输入字符时，按下此键可删除最后一个字符
外部轴	按此键时，在焊接工艺中可控制变位机的回转和倾斜
移动键	按此键时，光标朝箭头方向移动，且只在示教模式使用

（续）

按键	功　　能
轴操作键	对机器人各轴进行操作的键，且只在示教模式使用（操作时速度恰当，且伺服使能） Y1：1轴方向；Y2：2轴方向；Y3：3轴方向；Y4：4轴方向；Y5：5轴方向；Y6：6轴方向 位置型变量，供程序文件编辑 X：世界（工具）坐标系 X 方向；A：X 方向绕行方向 Y：世界（工具）坐标系 Y 方向；B：Y 方向绕行方向 Z：世界（工具）坐标系 Z 方向；C：Z 方向绕行方向
手动速度键	手动操作时，机器人运行速度的设定键（设定的速度在使用轴操作键和回零时有效），且只在示教模式使用
上档	此键可与其他键同时使用（只在示教模式使用） "上档"+"联锁"+"清除"，可退出机器人控制软件进入操作系统界面 "上档"+"2"，可实现在程序内容界面下查看运动指令的位置信息，再次按下可退出指令查看功能 "上档"+"4"，可实现机器人 YZ 平面自动平齐 "上档"+"5"，可实现机器人 XZ 平面自动平齐 "上档"+"6"，可实现机器人 XY 平面自动平齐 "上档"+"9"，可实现机器人快速回零位 "上档"+"翻页"，可实现在选择程序和程序内容界面返回上一页
联锁	辅助键，与其他键同时使用（只在示教模式使用） "联锁"+"前进" ① 在程序内容界面下，按照示教的程序点轨迹进行连续检查 ② 在位置型变量界面下，实现位置型变量检查功能，具体操作见位置型变量 "上档"+"联锁"+"清除"，可退出程序
插补	机器人运动插补方式的切换键（只在示教模式使用） 每按一次此键，插补方式做如下变化：MOVJ→MOVL→MOVC→MOVP→MOVS
区域	按下此键，选中区在"主菜单区"和"通用显示区"之间切换（只在示教模式使用）
数值键	按数值键可输入键的数值和符号（只在示教模式使用）
回车	在操作系统中，按下此键表示确认，能够进入选择的文件夹或打开选定的文件
取消限制	运动范围超出限制时，取消范围限制，使机器人继续运动（只在示教模式使用）。 取消限制有效时，按键右下角的指示灯亮起，当运动至范围内时，灯自动熄灭。若取消限制后仍存在报警信息，请在指示灯亮起的情况下按下"清除"键，待运动到范围限制内继续下一步操作
翻页	按下此键，实现在选择程序和程序内容界面中显示下一页的功能（只在示教模式使用）
直接打开	在程序内容页直接打开可直接查看运动指令的示教点信息（只在示教模式使用）
选择	软件界面菜单操作时，可选中"主菜单""子菜单"，指令列表操作时，可选中指令（只在示教模式使用）
坐标系	手动操作时，机器人的动作坐标系选择键可在关节、机器人、世界、工件、工具坐标系中切换选择（只在示教模式使用）

(续)

按键	功　能
伺服准备（使能）	按下此键，伺服电源有效接通
主菜单	显示主菜单（只在示教模式使用）
清除	清除"人机交互信息"区域的报警信息（只在示教模式使用）
命令一览	按此键后显示可输入的指令列表（只在示教模式使用），此键使用前必须先进入程序内容界面
后退	按住此键时，机器人按示教的程序点轨迹逆向运行（只在示教模式使用）
前进	伺服电源接通状态下，按住此键，机器人按示教的程序点轨迹单步运行（只在示教模式使用） 按下"联锁" + "前进"时，机器人按示教的程序点轨迹连续运行
插入	按下此键，可插入新程序点（只在示教模式使用） 按下此键，按键左上侧指示灯亮起，按下"确认"键，插入完成，指示灯熄灭
删除	按下此键，删除已输入的程序点（只在示教模式使用） 按下此键，按键左上侧指示灯亮起，按下"确认"键，删除完成，指示灯熄灭
修改	按下此键，修改示教的位置数据指令参数等（只在示教模式使用） 按下此键，按键左上侧指示灯亮起，按下"确认"键，修改完成，指示灯熄灭
确认	配合"插入"、"删除"、"修改"按键使用（只在示教模式使用） 当"插入"、"删除"、"修改"指示灯亮起时，按下此键完成插入、删除、修改等操作的确认
伺服准备指示灯	在示教模式下，按"伺服准备"按键，此时指示灯灯会闪烁。轻握"三段开关"后，指示灯会亮起，表示伺服电源接通 在回放和远程模式下，按"伺服准备"按键，此灯会亮起，表示伺服电源接通

（三）六轴工业机器人示教界面介绍

示教界面共分为 5 个区域，分别为主菜单区、菜单区、通用显示区、人机互通区和状态显示区如图 4-5 所示。

1. 主菜单区

每个菜单和子菜单都显示在主菜单区，按下手持操作示教器"主菜单"键，如图 4-6 所示，或单击界面左下角的 {主菜单} 按钮，则显示主菜单。如需查看子菜单介绍，请参考表 4-3。

1）主菜单区域显示每个主菜单选项及其子菜单。

2）通过按下手持操作示教器"区域"键，可切换选中区至主菜单区或通用显示区。

3）按下手持操作示教器上移键或者下移键可移动选中主菜单

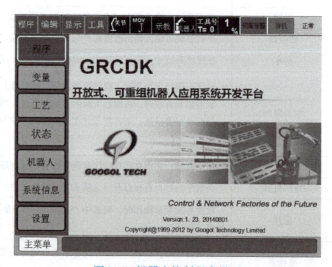

图 4-5　机器人控制程序界面

项,被选中项变为蓝色。

4)选中主菜单中某选项后,按下手持操作示教器右移键或左移键,可弹出或收起子菜单。

5)按下手持操作示教器"选择"键,可选中子菜单,进入界面。

2. 菜单区

如图4-7所示,菜单区可快速进入程序内容、工具管理功能等操作界面。

"程序":可快速进入程序内容界面。

"编辑":可快速编辑程序。

"显示":可显示示教程序运行时轴角速度、末端点速度信息。

"工具":可快速进入工具管理界面。

图4-6 主菜单　　　　图4-7 菜单

表4-3 子菜单介绍

主菜单	子菜单	功　　能
程序	程序内容	编辑显示程序文件,对程序文件进行添加、修改、删除等操作,显示程序文件内容执行情况,打开程序一览等
	选择程序	选择要操作的程序文件
	程序管理	对程序文件进行管理,新建、删除、重命名、复制程序文件
	主程序	设置主程序,回放模式时,在没有选择程序的情况下,默认为打开已设置
变量	数值型	可使用布尔型、整型、实型变量,供程序编辑时使用
	位置型	可以标定位置型变量,供程序文件编辑时使用
状态	I/O	显示系统 I/O 和 I/O 模块的状态
	控制器轴	显示控制器所有轴的状态
	通用轴状态	显示控制器主要的伺服状态

(续)

主菜单	子菜单	功能
机器人	当前位置	显示机器人当前的位置姿态
	零位标定	对机器人的零位进行标定
	坐标系管理	标定及管理世界坐标系、工件坐标系1和工件坐标系2
	工具管理	标定及管理工具坐标系，支持三点法、四点法和六点法标定
	异常处理	处理机器人异常情况下的操作，例如，使各轴进入仿真模式等
系统信息	用户权限	设置管理员权限，不同权限存在不同的操作内容
	报警历史	查看机器人报警历史状态
	版本	可查看主控软件及其功能模块的版本信息
设置	轴关节参数	对轴关节空间进行参数设置，可以改变轴关节速度、加速度、范围限制等
	笛卡儿参数	可以改变笛卡儿空间参数：速度、加速度、范围限制等
	CP参数	可以改变CP参数：速度、加速度、范围限制等
	DH参数	可以改变DH模型参数，改变机器人模型
	控制参数设置	改变机器人应用参数：通信IP、端口、设备名等
	其他参数	改变机器人控制轴参数

注：因本书未涉及"工艺"内容，故此处不做介绍。

3. 通用显示区

编程区域及其界面显示，可对程序文件、设置等进行显示和编辑。

4. 人机互通区

用于查看错误报警，报警背景呈红色并显示错误代码。按下手持操作示教器上的"清除"键，可清除错误。进入报警历史界面可查看出现过的所有报警信息记录。机器人运动时，实时显示机器人各轴关节和末端点的运动速度。

5. 状态显示区

状态显示区如图4-8所示，用于显示机器电控柜的当前状态，显示的信息根据机器人状态的不同而不同。

图4-8 状态显示区

（1）坐标系显示

显示被选择的坐标系，通过按手持操作示教器上的"坐标系"键选择。

（2）插补方式

显示被选择的插补方式，通过按手持操作示教器上的"插补"键选择。

（3）工作模式

显示机器人的工作模式，通过旋转手持操作示教器上的模式旋钮切换。

（4）机器人/变位机

在机器人和变位机之间进行切换，从而使轴操作键对机器人或变位机进行操作。

（5）当前工具号

方便用户确定当前使用的工具序号。程序内部使用一个具有 11 个元素的工具坐标系数据队列，默认 0 号为不使用工具，1~10 号坐标系队列元素为可编辑的队列元素。

（6）速度显示

显示被选择的速度，通过按手持操作示教器上的"高速"或"低速"键选择。

（四）六轴工业机器人相关编程指令

六轴机器人示教器编程指令见表 4-4。

表 4-4 机器人示教器编程指令

程序	功能	参数说明	使用范例
DOUT	IO 输出点复位或置位	DO = <IO 位> IO 位赋值 A.B A = 0，表示端子板上的输出点，A 的取值范围为 1~16，表示第几组远程输出 IO 模块 B 表示组模块上的第几个 IO，取值范围为 0~15 VALUE = <位值> 位值赋值说明：0 或者 1	DOUT DO = 1.1 VALUE = 1 将 IO 1.1 端口置 1 DOUT DO = 1.2 VALUE = 0 将 IO 1.2 端口置 0
MOVJ	关节插补方式移动至目标位置。由于运动轨迹不规则，建议不使用在精确度高的地方	V = <运行速度百分比> 运行速度百分比取值为 1~100，默认值为 25 P = <位置点> 取值范围为 1~999 BL = <过渡段长度> 此长度不能超过运行总长度一半，若 BL = 0，则表示不使用过渡段 VBL = <过渡段速度> 取值范围为 0~100 取值为 0 时，表示不设置过渡段速度	例 1：MOVJ V = 25 BL = 0 VBL = 0 移动至目标位置，使用方式：保持伺服接通状态下依次按下"插入"、"确认"键 不设点直接将此点记入，并在程序回放模式下自动到此点 例 2：MOVJ P = 1 V = 25 BL = 100 VBL = 0 移动至目标位置 P，P 点是位置型变量，是提前示教好的位置点，1 代表该点的序号 若点要求精确，则使用例 2；若点不要求精确，则使用例 1（例 1 可能出现偏移）

（续）

程序	功能	参数说明	使用范例
MOVL	直线插补方式移动至目标位置。对速度要求不高而轨迹要求较高时使用此方式	V = <运行速度百分比> 运行速度百分比取值范围为1~100，默认值为25 P = <位置点> 取值范围为1~999 BL = <过渡段长度> 此长度不能超出运行总长度的一半，若BL=0，则表示不使用过渡段 VBL = <过渡段速度> 取值范围为0~100 取值为0时，表示不设置过渡段速度	例1：MOVL V = 25 BL = 0 VBL = 0 移动至目标位置，使用方式：保持伺服接通状态下依次按下"插入"、"确认"键 不设点直接将此点记入，并在程序回放模式下自动到此点 例2：MOVL P = 1 V = 25 BL = 100 VBL = 0 移动至目标位置P，P点是位置型变量，是提前示教好的位置点，1代表该点的序号 若点要求精确，则使用例2；若点不要求精确，则使用例1（例1可能出现偏移）
MOVP	点到点直线插补方式移动至目标位置。对速度高而轨迹要求不严格时使用此方式	V = <运行速度百分比> 运行速度百分比取值范围为1~100，默认值为25 P = <位置点> 取值范围为1~999 BL = <过渡段长度> 此长度不能超出运行总长度的一半，若BL=0，则表示不使用过渡段 VBL = <过渡段速度> 取值范围为0~100 取值为0时，表示不设置过渡段速度	例1：MOVP V = 25 BL = 0 VBL = 0 移动至目标位置，使用方式：保持伺服接通状态下依次按下"插入"、"确认"键。不设点直接将此点记入，并在程序回放模式下自动到此点 例2：MOVP P = 1 V = 25 BL = 100 VBL = 0 移动至目标位置P，P点是位置型变量，是提前示教好的位置点，1代表该点的序号 若点要求精确，则使用例2；若点不要求精确，则使用例1（例1可能出现偏移）
JUMP	跳转指令。此指令可作为循环指令使用	L = <行号> 说明：行号取值为小于JUMP所在行的行号	JUMP L = 0001 表示跳转到第一行
CALL	调用子程序指令	PROG = <程序名称>	CALL PROG = 1 表示要调用程序文件名字为1的子程序
TIMER	延时子程序	T = <时间> 说明：时间范围为0~4294967295ms	TIMER T = 1000 表示延时1000ms

IF…ELSE	判断语句	I = <变量号>
		变量号取值为1~96
		I：整型变量
		B：布尔型变量
		R：实型变量
		判断条件：<EQ>
		可选以下判断条件：
		EQ：等于
		LT：小于
		LE：小于等于
		GE：大于
		GT：大于等于
		NE：不等于
			IF I = 001 EQ I = 002 THEN
			程序1
			ELSE
			程序2
			END IF
			如果I001 = I002，则执行程序1，否则执行程序2

(续)

程序	功能	参数说明	使用范例
WHILE	条件满足的情况下，进入循环；条件不满足时，退出循环	I = <变量号> 变量号取值范围为 1~96 I：整型变量 B：布尔型变量 R：实型变量 判断条件：<EQ> 可选择以下判断条件： EQ：等于 LT：小于 LE：小于等于 GE：大于 GT：大于等于 NE：不等于	WHILE I = 001 EQ I = 002 DO 程序 END_WHILE 直到 I001 = I002 时，跳出循环
SET	把数据 2 赋值给数据 1	I = <变量 ID> I = 表示整型变量，可用以下类型： B：布尔型变量 I：整型变量 R：实型变量 P：位置型变量 变量 ID 表示变量号，整型和实型变量取值范围为 1~96，位置型变量取值范围为 1~999	SET B = 001 B = 002 把布尔型变量 B002 的值，存放在布尔型变量 B001 中

其余未介绍的指令为工业机器人技术应用实训系统机器人编程较少使用的指令，若需了解，请自行查阅机器人编程手册。

(五) 六轴工业机器人工件坐标系 (PCS1 或 PCS2)

1. 轴动作

在示教模式下，坐标系设定为工件坐标系 PCS1 (PCS2) 时，机器人工具末端 TCP 沿 PCS1 (PCS2) 坐标系的 X、Y、Z 轴平行移动和绕 PCS1 (PCS2) 坐标系的 X、Y、Z 轴旋转运动，按住轴操作键时，各轴的动作见表 4-5。

表 4-5 工件坐标系 PCS 的轴动作

轴名称		轴操作键	动作
移动轴	X 轴	X- J1- X+ J1+	沿 PCS1 (PCS2) 坐标系的 X 轴平行移动

(续)

轴名称		轴操作键	动作
移动轴	Y轴	Y-(J2-) Y+(J2+)	沿PCS1（PCS2）坐标系的Y轴平行移动
	Z轴	Z-(J3-) Z+(J3+)	沿PCS1（PCS2）坐标系的Z轴平行移动
旋转轴	绕X轴	A-(J4-) A+(J4+)	绕PCS1（PCS2）坐标系的X轴旋转运动
	绕Y轴	B-(J5-) B+(J5+)	绕PCS1（PCS2）坐标系的Y轴旋转运动
	绕Z轴	C-(J6-) C+(J6+)	绕PCS1（PCS2）坐标系的Z轴旋转运动

2. 工件坐标系的标定

工件坐标系PCS1（PCS2）管理主界面如图4-9所示，用户通过菜单"机器人"下的子菜单"坐标系管理"可进入该标定界面，并选择PCS1（PCS2）标签页。

工件坐标系PCS1（PCS2）的标定过程与世界坐标系WCS的标定过程完全一致，具体标定操作同世界坐标系标定，步骤如下：

① 将工具尖端移动到要设定的坐标系原点，如图4-10所示，保持伺服电源为接通状态，单击"记录P1"按钮并保持住，直到该按钮旁的指示灯变为绿色，记录该点为P1位置点。

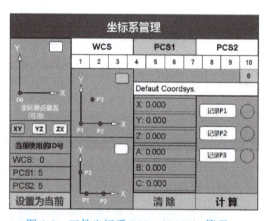

图4-9 工件坐标系PCS1（PCS2）管理

② 将工具尖端移动到要设定的坐标系的X轴正方向，如图4-11所示，保持伺服电源为接通状态，单击"记录P2"按钮并保持住，直到该按钮旁的指示灯变为绿色，记录该点为P2位置点。

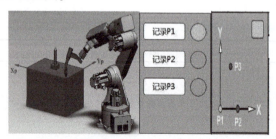

图4-10 原点设置

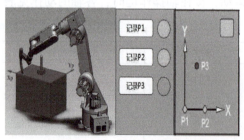

图4-11 X轴某点设置

③ 将工具尖端移动到要设定的坐标系的 XY 平面上 Y 正方向侧的一点，如图 4-12 所示，保持伺服电源为接通状态，单击"记录 P3"按钮并保持住，直到该按钮旁的指示灯变为绿色，记录该点为 P3 位置点。

④ 单击"计算"按钮，完成坐标系数据计算，并自动刷新 7 号索引坐标系的数据，如图 4-13 所示。在注释区域写入适当的注释，例如，"Number7 Coordsys Of WCS"。

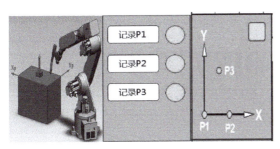

图 4-12　Y 轴正方向某点

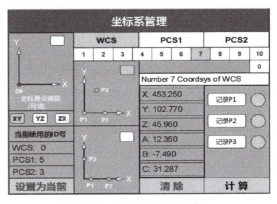

图 4-13　7 号索引坐标系建立

⑤ 单击"设置为当前"按钮，将 7 号坐标系设置为当前使用的世界坐标系，如图 4-14 所示。

至此，完成了世界坐标系 WCS 第 7 号坐标系的全部设置工作，如图 4-15 所示。此时，用户可以在手动示教模式下在新计算出来的世界坐标系下运动了。另外，工件坐标系的设置方法与世界坐标系相同。

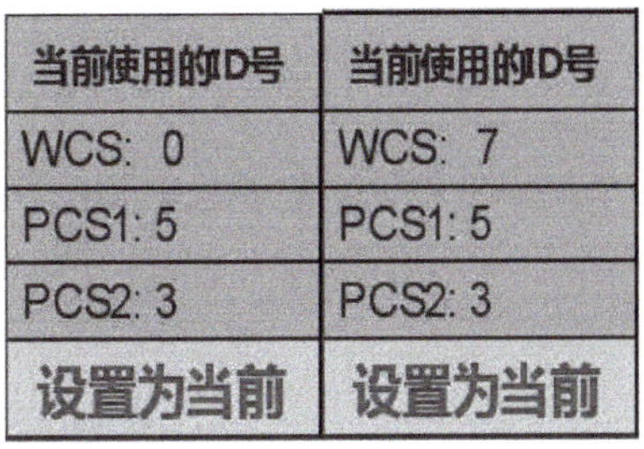

当前使用的ID号	当前使用的ID号
WCS: 0	WCS: 7
PCS1: 5	PCS1: 5
PCS2: 3	PCS2: 3
设置为当前	设置为当前

图 4-14　7 号为当前世界坐标系

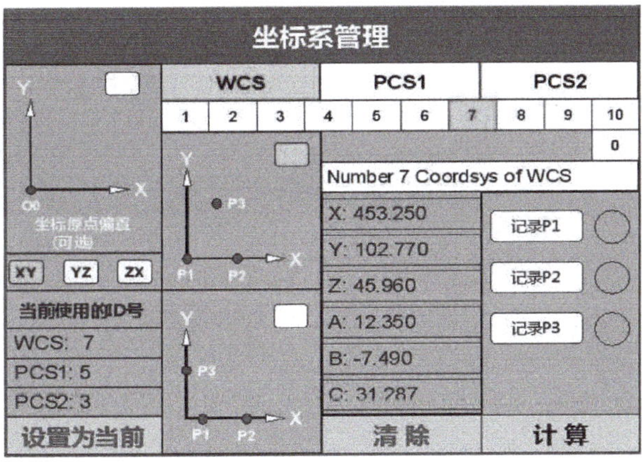

图 4-15　世界坐标系建立

3. 工件坐标系使用范例

当有多个夹具台时，如使用设定在各夹具台的工件坐标系，则手动操作更为简单。

当进行排列或码垛作业时，如在托盘上设定工件坐标系，则平行移动时，设定偏移量的增量变得更为简单。

传送同步运行时,可指定传送带的移动方向为工件坐标系轴的方向。

(六) 六轴工业机器人控制柜介绍

1. 控制柜部件组成(见图4-16)

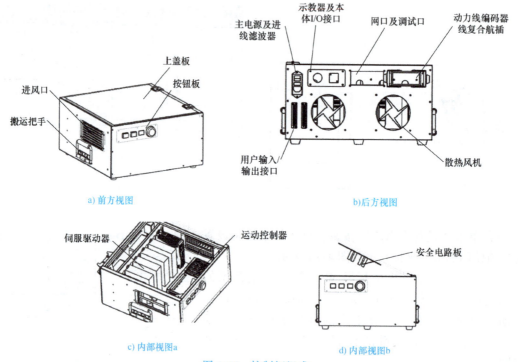

图4-16 控制柜组成

2. 按钮面板(见图4-17)

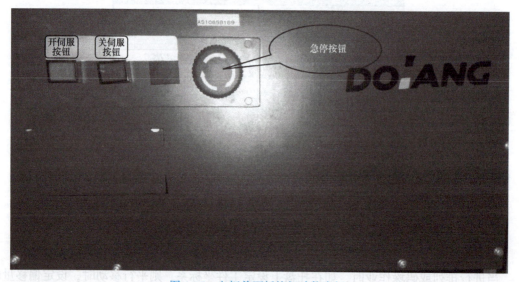

图4-17 电柜前面板按钮功能介绍

1) 急停按钮：机器人出现意外故障需要紧急停止时，按下此按钮可以使机器人断电停止。

2) 关伺服按钮：按下该按钮时，驱动器主电路断开。

3) 开伺服按钮：按下该按钮且绿灯点亮后，伺服驱动器得电。

四、实践操作

（一）运动规划与程序流程

1. 运动规划

要完成按钮灯组装与入库程序的示教编程，首先要进行运动规划，即要进行动作规划和路径规划。

（1）动作规划

本项目要完成的任务是对环形装配检测机构上的按钮灯进行装配并入成品库，因此机器人执行动作可分解为"灯珠组装""灯盖组装"和"入库"三个子任务，也可以将"灯珠组装"和"灯盖组装"组合为一个子任务。

每一个子任务分解为机器人的一系列动作，"灯珠、灯盖组装"可以进一步分解为"回安全点""抓取灯珠""放置灯珠""抓取灯盖""放置灯盖"和"压合灯盖"，"入库"可以进一步分解为"抓取灯""放置灯"和"回安全点"。

（2）路径规划

路径规划是将每一个动作分解为机器人TCP的运动轨迹，考虑到机器人姿态及机器人与周围设备的干涉，每一个动作需要对应由一个或多个点形成运动轨迹，如图4-18所示。

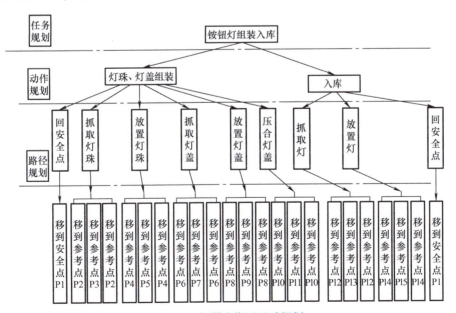

图4-18 机器人搬运运动规划

1)"回安全点"对应"P1 点"。

2)"抓取灯珠"分为"移到灯珠抓取安全点""移到灯珠抓取点""气爪夹紧灯珠"和"移到灯珠抓取安全点",对应移动参考点 P2、P3、P2。

3)"放置灯珠"分为"移到灯珠放置安全点""移到灯珠放置点(灯座)""气爪松开灯珠"和"移到灯珠放置安全点",对应移动参考点 P4、P5、P4。

4)"抓取灯盖"分为"移到灯盖抓取安全点""移到灯盖抓取点""气爪夹紧灯盖"和"移到灯盖抓取安全点",对应移动参考点 P6、P7、P6。

5)"放置灯盖"分为"移到灯盖放置安全点""移到灯盖放置点(灯座)""气爪松开灯盖"和"移到灯盖放置安全点",对应移动参考点 P8、P9、P8。

6)"压合灯盖"分为"移动到灯盖上方安全点""移动到压合点"和"移动到灯盖上方安全点",对应移动参考点 P10、P11、P10。

7)"抓取灯"分为"移到灯抓取安全点""移到灯抓取点""气爪夹紧灯座"和"移到灯抓取安全点",对应移动参考点 P12、P13、P12。

8)"放置灯"分为"移到灯放置安全点""移到灯放置点""气爪松开灯座"和"移到灯放置安全点",对应移动参考点 P14、P15、P14。

9)"回安全点"对应"P1 点"。

2. 程序流程

六轴工业机器人搬运程序整个工作流程包括"灯珠组装""灯盖组装"和"按钮灯入库",如图 4-19 所示。

(二) 示教前的准备

(1) 参数设置(包含坐标模式、运动模式、速度)

六轴工业机器人有四种坐标模式:关节坐标、工具坐标、工件坐标和世界坐标。选定关节坐标模式,可以手动控制机器人单轴运动;选定其他坐标模式,可以手动控制机器人在相应坐标系运动。

六轴工业机器人速度倍率在手动模式下通常不超过 30%。为了安全起见,手动操作时通常选用较低的速度。

在示教过程中,需要在一定坐标模式和操作速度下手动控制机器人到达一定位置。因此,在示教运动指令前,必须选定坐标模式和操作速度,本项目选定直角坐标和 30% 速度倍率。

(2) I/O 配置

气爪用来抓取和释放按钮灯组件,气爪的打开和关闭需要通过 I/O 接口信号控制,六轴工业机器人控制系统提供了 I/O 通信接口,4 号 I/O 通信接口控制大气爪,5 号 I/O 通信接口控制小气爪。

(三) 程序新建

开机后,单击示教器屏幕左方的"程序"→"程序管理"按钮,进入新建程序界面,如图 4-20 所示。在"目标程序"文本框中输入

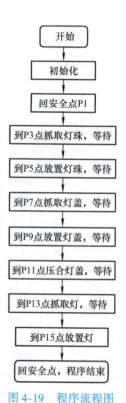

图 4-19 程序流程图

项目四 六轴工业机器人装配编程与调试

程序名,然后单击"新建"按钮,完成程序新建。

(四) 示教编程

1. 进入程序

打开程序编辑器如图 4-21 所示。程序编辑器中有两行程序,其中,NOP 为空操作,END 为程序结束。

图 4-20 程序新建

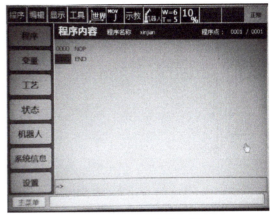

图 4-21 程序编辑器

2. 示教:设置安全点 P1

使用示教器手动操作机器人移动到合适位置。单击示教器上按键"命令一览",单击示教器屏幕右方"移动 1"→"MOVL"→"插入"→"确认"键,添加 P1 点,如图 4-22 所示。

其中,V = <运行速度百分比>、BL = <过渡段长度>、VBL = <过渡段速度>,这里默认不变。

需要注意的是,每次示教完,需要同时按"上档 + 2"按键,在弹出修改点坐标页面后,按示教器按键"修改"→"确认"。后面不再赘述,如图 4-23 所示。

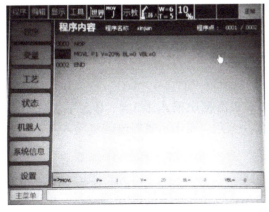

图 4-22 示教安全点

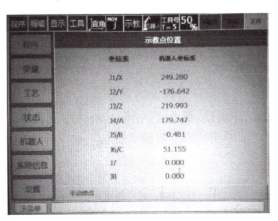

图 4-23 示教点确认

3. 示教 I/O：大气爪松开

将光标选择在第 0002 指令行，单击示教器按键"命令一览"，然后单击示教器屏幕"I/O"→"DOUT"键，添加"DOUT"指令，如图 4-24 所示。在命令设置文本框中输入 DO = "0.4"，VALUE = "0"，单击示教器按键"插入"→"确认"，松开大气爪。同样的方法，通过"5"号端口松开小气爪。

4. 抓取灯珠路径图（见图 4-25）

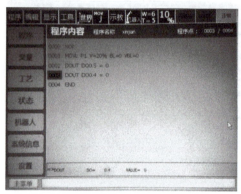

图 4-24　示教气爪松开

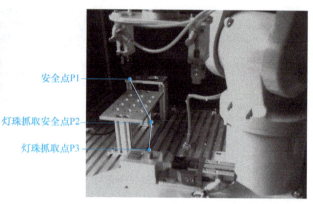

图 4-25　抓取灯珠路径图

5. 示教 P2 点（灯珠抓取安全点）

手动操作机器人移动到 P2 点，如图 4-26a 所示，将光标移至第 0004 指令行，单击示教器按键"命令一览"→"移动1"→"MOVL"，添加"MOVL"指令，如图 4-26b 所示。将当前点新增为 P2 点，可以修改速度（V）、过渡段长度（BL）和过渡段速度（VBL）等参数，后面不再赘述，单击示教器按键"插入"→"确认"，完成 P2 点示教。

6. 示教 P3 点（灯珠抓取点）

手动操作机器人移动到 P3 点，如图 4-27a 所示，将光标移至第 0005 指令行，单击示教器按键"命令一览"→"移动1"→"MOVL"，添加"MOVL"指令，如图 4-27b 所示。将当前点新增为 P3 点，单击示教器按键"插入"→"确认"，完成 P3 点示教。

7. 示教 I/O：小气爪夹紧灯珠

将光标移至第 0006 指令行，单击示教器按键"命令一览"→"I/O"→"DOUT"，添加"DOUT"指令，如图 4-28 所示。在命令设置文本框中输入 DO = "0.5"，VALUE = "1"，单击示教器按键"插入"→"确认"，夹紧小气爪。单击示教器按键"插入"→"确认"，完成小气爪夹紧示教。

8. 再次示教 P2 点（灯珠抓取安全点）

手动操作机器人移动到 P2 点，如图 4-26a 所示，将光标移至第 0007 指令行，单击示教器按键"命令一览"→"移动1"→"MOVL"，添加"MOVL"指令，如图 4-29 所示。单击示教器按键"插入"→"确认"，再次完成 P2 点示教。

项目四 六轴工业机器人装配编程与调试

a) 机器人移动到P2点

a) 机器人移动到P3点

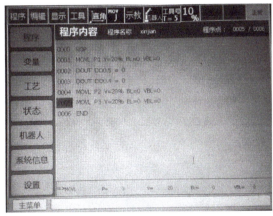

b) 添加"MOVL"指令

图 4-26　示教 P2 点

b) 添加"MOVL"指令

图 4-27　示教 P3 点

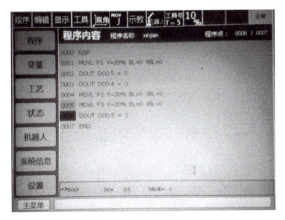

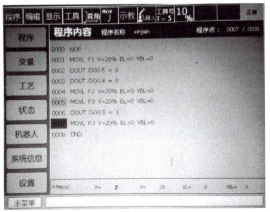

图 4-28　示教夹紧灯珠

图 4-29　示教回 P2 点

9. 放置灯珠路径图（见图4-30）

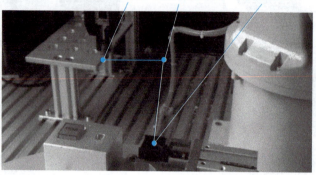

图4-30　放置灯珠路径图

10. 示教P4点（灯珠放置安全点）

手动操作机器人移动到P4点，如图4-31a所示，将光标移至第0008指令行，单击示教器按键"命令一览"→"移动1"→"MOVL"，添加"MOVL"指令，如图4-31b所示。将当前点新增为P4点，单击示教器按键"插入"→"确认"，完成P4点示教。

11. 示教P5点（灯珠放置点）

手动操作机器人移动到P5点，如图4-32a所示，将光标移至第0009指令行，单击示教器按键"命令一览"→"移动1"→"MOVL"，添加"MOVL"指令，如图4-32b所示。将当前点新增为P5点，单击示教器按键"插入"→"确认"，完成P5点示教。

a) 机器人移动到P4点

a) 机器人移动到P5点

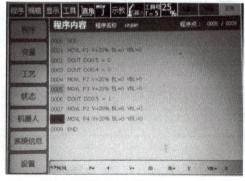

b) 添加"MOVL"指令

图4-31　示教P4点

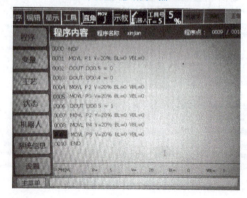

b) 添加"MOVL"指令

图4-32　示教P5点

12. 示教 I/O：小气爪松开灯珠

将光标移至第 0010 指令行，单击示教器按键"命令一览"→"I/O"→"DOUT"，添加"DOUT"指令，如图 4-33 所示。在命令设置文本框中输入 DO = "0.5"，VALUE = "0"，单击示教器按键"插入"→"确认"，松开小气爪。单击示教器按键"插入"→"确认"完成小气爪松开示教。

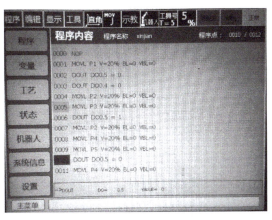

图 4-33 示教小气爪松开

13. 再次示教 P4 点（灯珠放置安全点）

手动操作机器人移动到 P4 点，如图 4-31a 所示，将光标移至第 0011 指令行，单击示教器按键"命令一览"→"移动 1"→"MOVL"，添加"MOVL"指令。单击示教器按键"插入"→"确认"，再次完成 P4 点示教。

14. 抓取灯盖路径图（见图 4-34）

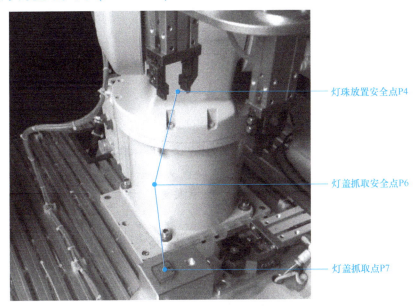

图 4-34 抓取灯盖路径图

15. 示教 P6 点（灯盖抓取安全点）

手动操作机器人移动到 P6 点，如图 4-35a 所示，将光标移至第 0012 指令行，单击示教器按键"命令一览"→"移动 1"→"MOVL"，添加"MOVL"指令，如图 4-35b 所示。将当前点新增为 P6 点，单击示教器按键"插入"→"确认"，完成 P6 点示教。

16. 示教 P7 点（灯盖抓取点）

手动操作机器人移动到 P7 点，如图 4-36a 所示，将光标移至第 0013 指令行，单击示教器按键"命令一览"→"移动 1"→"MOVL"，添加"MOVL"指令，如图 4-36b 所示。将当前点新增为 P7 点，单击示教器按键"插入"→"确认"，完成 P7 点示教。

a) 机器人移动到P6点

a) 机器人移动到P7点

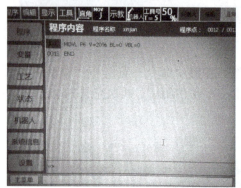
b) 添加"MOVL"指令

图 4-35　示教 P6 点

b) 添加"MOVL"指令

图 4-36　示教 P7 点

17. 示教 I/O：大气爪夹紧灯盖

将光标移至第 0014 指令行，单击示教器按键"命令一览"→"I/O"→"DOUT"，添加"DOUT"指令，如图 4-37 所示。在命令设置文本框中输入 DO = "0.4"，VALUE = "1"，单击示教器按键"插入"→"确认"，夹紧大气爪。

18. 再次示教 P6 点（灯盖抓取安全点）

手动操作机器人移动到 P6 点，如图 4-38a 所示，将光标移至第 0015 指令行，单击示教器按键"命令一览"→"移动1"→"MOVL"，添加"MOVL"指令，如图 4-38b 所示。单击示教器按键"插入"→"确认"，再次完成 P6 点示教。

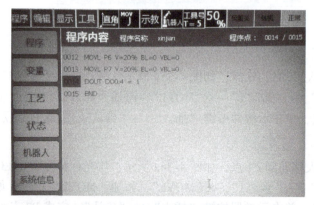

图 4-37　示教大气爪夹紧灯盖

项目四　六轴工业机器人装配编程与调试

a) 机器人移动到P6点

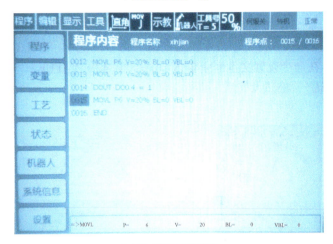

b) 添加"MOVL"指令

图 4-38　再次示教回 P6 点

19. 放置灯盖路径图（见图 4-39）

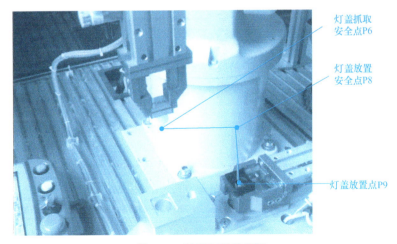

图 4-39　放置灯盖路径图

20. 示教 P8 点（灯盖放置安全点）

手动操作机器人移动到 P8 点，如图 4-40a 所示，将光标移至第 0016 指令行，单击示教器按键"命令一览"→"移动 1"→"MOVL"，添加 MOVL 指令，如图 4-40b 所示。将当前点新增为 P8 点，单击示教器按键"插入"→"确认"，完成 P8 点示教。

21. 示教 P9 点（灯盖放置点）

手动操作机器人移动到 P9 点，如图 4-41a 所示，将光标移至第 0017 指令行，单击示教器按键"命令一览"→"移动 1"→"MOVL"，添加"MOVL"指令，如图 4-41b 所示。将当前点新增为 P9 点，单击示教器按键"插入"→"确认"，完成 P9 点示教。

22. 示教 I/O：大气爪松开灯盖

将光标移至第 0018 指令行，单击示教器按键"命令一览"→"I/O"→"DOUT"，添加"DOUT"指令。在命令设置文本框中输入 DO＝"0.4"，VALUE＝"0"，单击示教器按键"插入"→"确认"，松开大气爪。

a) 机器人移动到 P8 点

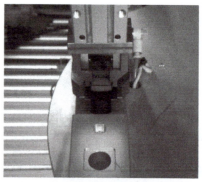

a) 机器人移动到 P9 点

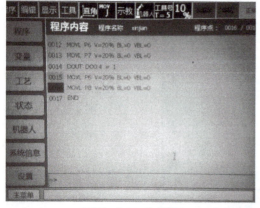

b) 添加"MOVL"指令

图 4-40　示教 P8 点

b) 添加"MOVL"指令

图 4-41　示教 P9 点

23. 压合灯盖路径图（见图4-42）

图4-42 压合灯盖路径图

24. 示教 P10 点（灯盖上方安全点）

手动操作机器人移动到 P10 点，如图 4-43a 所示，将光标移至第 0019 指令行，单击示教器按键"命令一览"→"移动1"→"MOVL"，添加"MOVL"指令，如图 4-43b 所示。将当前点新增为 P10 点，单击示教器按键"插入"→"确认"，完成 P10 点示教。

25. 示教 P11 点（灯盖压合点）

手动操作机器人移动到 P11 点，如图 4-44a 所示，将光标移至第 0020 指令行，单击示教器按键"命令一览"→"移动1"→"MOVL"，添加"MOVL"指令，如图 4-44 所示。将当前点新增为 P11 点，单击示教器按键"插入"→"确认"，完成 P11 点示教。

a) 机器人移动到P10点

a) 机器人移动到P11点

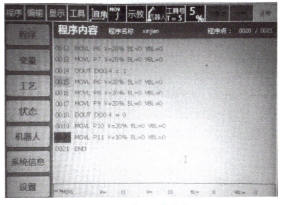

b) 添加"MOVL"指令

图4-43 示教 P10 点

b) 添加"MOVL"指令

图4-44 示教 P11 点

26. 再次示教 P10 点（灯盖上方安全点）

手动操作机器人移动到 P10 点，如图 4-43a 所示，将光标移至第 0021 指令行，单击示教器按键"命令一览"→"移动 1"→"MOVL"，添加"MOVL"指令。单击示教器按键"插入"→"确认"，再次完成 P10 点示教。

27. 按钮灯入库路径图（见图 4-45）

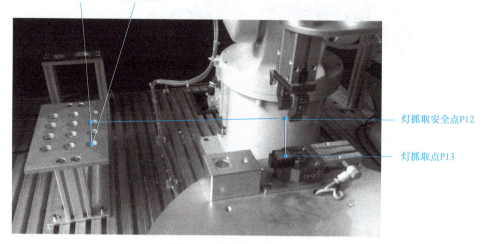

图 4-45 按钮灯入库路径图

28. 示教 P12 点（灯抓取安全点）

手动操作机器人移动到 P12 点，如图 4-46a 所示，将光标移至第 0022 指令行，单击示教器按键"命令一览"→"移动 1"→"MOVL"，添加"MOVL"指令，如图 4-46b 所示。将当前点新增为 P12 点，单击示教器按键"插入"→"确认"，完成 P12 点示教。

a) 机器人移动到P12点

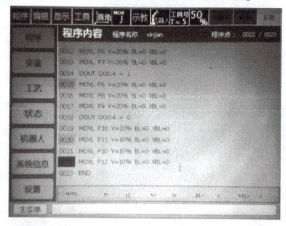

b) 添加"MOVL"指令

图 4-46 示教 P12 点

29. 示教 P13 点（灯抓取点）

手动操作机器人移动到 P13 点，如图 4-47a 所示，将光标移至第 0023 指令行，单击示教器按键"命令一览"→"移动 1"→"MOVL"，添加"MOVL"指令，如图 4-47b 所示。

将当前点新增为 P13 点，单击示教器按键"插入"→"确认"，完成 P13 点示教。

30. 示教 I/O：大气爪夹紧灯座

将光标移至第 0024 指令行，单击示教器按键"命令一览"→"I/O"→"DOUT"，添加"DOUT"指令。在命令设置文本框中输入 DO="0.4"，VALUE="1"，单击示教器按键"插入"→"确认"，夹紧大气爪。

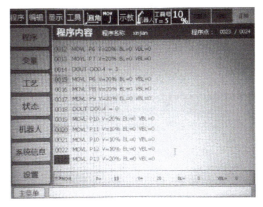

a) 机器人移动到P13点　　　　　　　b) 添加"MOVL"指令

图 4-47　示教 P13 点

31. 再次示教 P12 点（灯抓取安全点）

手动操作机器人移动到 P12 点，如图 4-46a 所示，将光标移至第 0025 指令行，单击示教器按键"命令一览"→"移动1"→"MOVL"，添加"MOVL"指令，如图 4-48 所示。单击示教器按键"插入"→"确认"，再次完成 P12 点示教。

32. 示教 P14 点（灯放置安全点）

手动操作机器人移动到 P14 点，如图 4-49a 所示，将光标移至第 0026 指令行，单击示教器按键"命令一览"→"移动1"→"MOVL"，添加"MOVL"指令，如图 4-49b 所示。将当前点新增为 P14 点，单击示教器按键"插入"→"确认"，完成 P14 点示教。

图 4-48　示教回 P12 点

33. 示教 P15 点（灯放置点）

手动操作机器人移动到 P15 点，如图 4-50a 所示，将光标移至第 0027 指令行，单击示教器按键"命令一览"→"移动1"→"MOVL"，添加"MOVL"指令，如图 4-50b 所示。将当前点新增为 P15 点，单击示教器按键"插入"→"确认"，完成 P15 点示教。

a) 机器人移动到P14点

a) 机器人移动到P15点

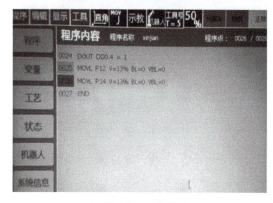

b) 添加"MOVL"指令

图 4-49 示教 P14 点

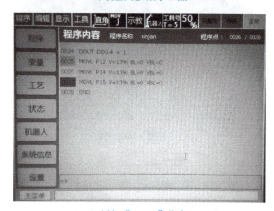

b) 添加"MOVL"指令

图 4-50 示教 P15 点

34. 示教 I/O：大气爪松开灯座

将光标移至第 0028 指令行，单击示教器按键"命令一览"→"I/O"→"DOUT"，添加"DOUT"指令，如图 4-51 所示。在命令设置文本框中输入 DO＝"0.4"，VALUE＝"0"，单击示教器按键"插入"→"确认"，松开大气爪。

a) 大气爪松开

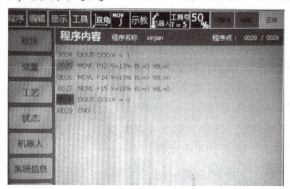

b) 示教松开大气爪

图 4-51 按钮灯入库

35. 示教：回 P1 点

手动操作机器人移动到 P1 点，将光标移至第 0029 指令行，单击示教器按键"命令一览"→"移动1"→"MOVL",添加"MOVL"指令,如图 4-52 所示。单击示教器按键"插入"→"确认",完成回 P1 点示教。

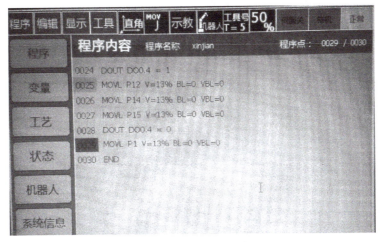

图 4-52　示教回 P1 点

至此,程序示教完毕,参考程序如图 4-53 所示。

(五)运行程序

1. 试运行程序

示教完成后,保存程序,将蓝色光标带移至第 0001 命令行。按住示教器背后的"使能"键,再按住示教器"前进"键,蓝色光标下移,进行程序试运行。

2. 自动运行程序

在试运行程序测试无误后,方可自动运行程序。将蓝色光标带移至第 0001 命令行,将示教器模式旋钮旋至 回放 模式,打开"伺服准备",按示教器"启动"键,即可实现机器人的自动运行。

3. 加载程序

程序必须加载到内存中才能运行,选择所保存目录下的程序文件名,双击即可完成程序的加载。

五、问题探究

(一)六轴工业机器人奇异位置

在非关节坐标系下运动时,机器人可能会运动到某些特殊位置,此时机器人会失去一些运动自由,这些特殊的位置称为奇异位置。

在关节插补 Movj 中,奇异位置并不会影响正常运动。而在直线插补 Movl、圆弧插补

```
0000  NOP
0001  MOVL P1  V=20% BL=0 VBL=0
0002  DOUT DO0.5=0
0003  DOUT DO0.4=0
0004  MOVL P2  V=20% BL=0 VBL=0
0005  MOVL P3  V=20% BL=0 VBL=0
0006  DOUT DO0.5=1
0007  MOVL P2  V=20% BL=0 VBL=0
0008  MOVL P4  V=20% BL=0 VBL=0
0009  MOVL P5  V=20% BL=0 VBL=0
0010  DOUT DO0.5=0
0011  MOVL P4  V=20% BL=0 VBL=0
0012  MOVL P6  V=20% BL=0 VBL=0
0013  MOVL P7  V=20% BL=0 VBL=0
0014  DOUT DO0.4=1
0015  MOVL P6  V=20% BL=0 VBL=0
0016  MOVL P8  V=20% BL=0 VBL=0
0017  MOVL P9  V=20% BL=0 VBL=0
0018  DOUT DO0.4=0
0019  MOVL P10 V=20% BL=0 VBL=0
0020  MOVL P11 V=10% BL=0 VBL=0
0021  MOVL P10 V=10% BL=0 VBL=0
0022  MOVL P12 V=10% BL=0 VBL=0
0023  MOVL P13 V=20% BL=0 VBL=0
0024  DOUT DO0.4=1
0025  MOVL P12 V=13% BL=0 VBL=0
0026  MOVL P14 V=13% BL=0 VBL=0
0027  MOVL P15 V=13% BL=0 VBL=0
0028  DOUT DO0.4=0
0029  MOVL P1  V=13% BL=0 VBL=0
0030  END
```

图 4-53　参考程序

Movc 过程中，奇异位置会使得机器人不能正常运行。遇到奇异位置报警时，可利用关节运动模式退出奇异位置。

串联六轴工业机器人存在三种奇异位置，如图 4-54 所示。

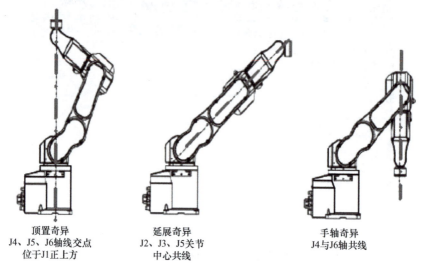

顶置奇异
J4、J5、J6 轴线交点
位于 J1 正上方

延展奇异
J2、J3、J5 关节
中心共线

手轴奇异
J4 与 J6 轴共线

图 4-54 串联六轴工业机器人奇异位置

（二）六轴工业机器人零位标定

零位标定界面主要用于标定机器人各个轴运动的零点。该界面会显示机器人各个轴零位的标定状况，完成标定的轴，相应的状态显示为绿色，当所有轴都完成标定后，"全部"指示灯点亮。用户可以选定一个或多个轴，并单击"记录零点"按钮记录当前的编码器数据作为零点数据（**注意**：要长按该按钮 2~3s）。只有所有轴的零点数据都完成标定，机器人才能进行全功能运动；否则，机器人只能进行轴点动运动。

1. 零位标定的必要性

若没有进行原点位置校准，则不能进行示教和回放操作。使用多台机器人的系统，每台机器人都必须进行原点位置校准。

原点位置校准是将机器人位置与绝对编码器位置进行对照的操作。原点位置校准是在出厂前进行的，但在下列情况下也必须再次进行原点位置校准：更换电动机、绝对编码器时；存储内存被删除时；机器人碰撞工件，原点偏移时（此种情况发生概率较大）；电动机驱动器绝对编码器电池没电时。

原点位置：各轴"0"脉冲的位置称为原点位置，此时的姿态称为原点位置姿态，也是机器人回零时的终止位置。

2. 清除驱动器报警信号

绝对编码器电池电压不足 3.6V 时更换电池操作：如果电源打开/关闭的频率高或长时间使用电动机时，锂电池的寿命将缩短。检查时，若锂电池电压在 3.6V 以下，则需更换一个新的电池。

绝对编码器备用电池的更换方法：

1）打开伺服驱动器的控制电源。
2）注意更换应选用锂电池。
3）打开机器人背后的盖子。
4）取下电池的连接器。
5）取出锂电池，正确安装锂电池。
6）注意连接器的方向，正确安装连接器。

3. 机器人零位标定方法

注意：当轴之间存在耦合关系时，例如，常见的机器人第 5 轴和第 6 轴存在耦合关系，第 5 轴必须处于零点位置时，第 6 轴记录的零点数据才会有效，否则，第 6 轴记录的零点数据是无效的，因此必须在第 5 轴处于零位的状态下记录第 6 轴的零位数据。当不存在耦合关系时，则各个轴可以单独标定零位，各自的零位不会影响到其他轴的零位。

当所有用到的轴（本体轴和辅助扩展轴）都完成零位标定后，零位标定界面上的"全部"指示灯变为绿色，说明机器人已完成零位数据的标定，机器人可以进行笛卡儿空间中的运动。

在清除编码器零点漂移报警后，需要立刻对机器人的每个轴进行机械零位标定和软件记录标定。

1）机械零位标定：通过单轴运动使每个轴都运行到机械参考零点。
2）软件记录标定：当 6 个轴都已经通过单轴运动回到机械参考零点后，需要进入软件的出厂设置中重新记录零点位置。确保软、硬件的零点位置对应。

之后，每次机器人回零都会回到该位置。

操作步骤如下：
1）打开软件进入"机器人"→"零位标定"界面，如图 4-55 所示。
2）设置在"关节坐标模式"下，机器人各个轴处于零位时的姿态，如图 4-56 所示。其中，机器人下臂处于竖直状态，前臂处于水平状态，手腕部（第 5 轴）也处于水平状态。一般机器人在本体设计过程中已考虑了零位接口（如凹槽、刻线、标尺等）。

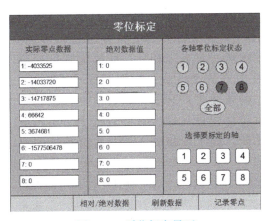

图 4-55　零位标定界面

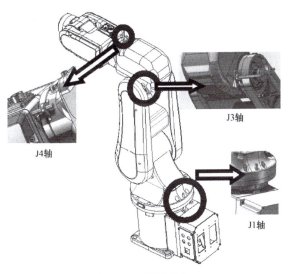

图 4-56　零位姿态

3）调整好位置姿态。

4）选择要标定的轴。"选择要标定的轴"区域是用户交互区域，用户在此区域选择需要记录零位数据的轴号，例如，选定第1轴。用户可以选择同时记录多个轴的零位数据，也可以选择只记录一个轴的零位数据。当相应的轴号选择按钮被按下时，该按钮显示为绿色。

5）按下"记录零点"按钮，并保持按下的状态不变（约3s），直到轴号选择按钮的指示灯由绿色变为灰色，说明相应轴号的零点数据已成功记录。只有被选择的轴号的零点数据才会被刷新，未选中的轴号的零点数据不会被刷新。

6）检查标定是否成功。"各轴零位标定状态"区域显示机器人各个轴的零位标定状态。数字指示灯1~8用于显示1~8号轴的状态，其中，1~6号轴为机器人本体插补轴，7号和8号轴是扩展轴。当相应轴的零位标定成功后，相应的数字指示灯显示为绿色，否则，数字指示灯显示为灰色。当所有用到的轴（本体轴和辅助扩展轴）都完成零位标定后，"全部"指示灯变为绿色，说明机器人已经完成零位数据的标定，机器人可以进行笛卡儿空间中的运动。

六、知识拓展——工业机器人在汽车制造业中的应用

工业机器人是集机械、电子、控制、计算机、传感器、人工智能等多学科于一体的重要现代制造业自动化装备。

工业机器人50%以上用在汽车领域，当前，工业机器人的应用领域主要有弧焊、点焊、装配、搬运、喷漆、检测、码垛、研磨抛光和激光加工等复杂作业。据了解，美国60%的工业机器人用于汽车生产；全世界用于汽车工业的工业机器人已经达到总用量的37%，用于汽车零部件生产的工业机器人约占24%。在我国，工业机器人的最初应用是在汽车行业，主要用于汽车的喷涂及焊接。据统计，近几年国内厂家所生产的工业机器人有超过一半是提供给汽车行业，以下是汽车制造行业中普遍应用的几种机器人。

1. 搬运机器人在汽车制造业中应用

汽车桥箱类零件具有精度高、加工工序多、形状复杂、重量重的特点，为提高其加工精度及生产效率，各重型汽车生产厂家纷纷采用数控加工中心加工此类零部件。而在使用数控加工中心加工工件时，要求工件在工作台上具有非常高的定位精度，且需要保证每次上料的一致性。对此类工件，人工上料具有劳动强度高、上料精度不好控制等缺点，现在正逐步被工业机器人或专机进行上下料所取代。工业机器人具有重复定位精度高、可靠性高、生产柔性化、自动化程度高等突出的优势，与人工相比，能够大幅度提高生产效率和产品质量；与专机相比，具有可实现生产的柔性化、投资规模小等特点。机器人智能化自动搬运系统作为减速器壳体加工的重要生产环节，虽然已经在国内重型汽车厂取得成功的应用，但尚未普及。在国家经济建设飞速发展的进程中，重型载重汽车的生产能力及生产力水平亟待一个质的飞跃，而工业机器人即是提升生产力水平的强力推进器。

机器人自动柔性搬运系统具有很高的效率和产品质量稳定性，同时兼具柔性和可靠性较高、结构简单和便于维护的优点，可以满足不同种类产品的生产。对于重型汽车生产厂家来说，可以很快进行产品结构的调整和扩大产能，同时大大降低了产业工人的劳动强度，具有

广泛的应用前景。

2. 焊接机器人在汽车制造业中的应用

汽车行业的发展水平代表了一个国家的综合技术水平，汽车工业的发展会带动其他行业的发展。各厂商为了在日渐激烈的竞争中立于不败之地，必须率先实现焊接自动化，与此同时，对焊接机器人的要求也必然会逐步提高，如对焊道自动跟踪系统的需求会逐步加大等。对于在汽车工业中的点焊应用，目前已广泛采用电驱动的伺服焊枪。日本丰田公司已决定将这种技术作为标准来装备其日本国内和海外的所有点焊机器人。据本田公司称，用这种技术可以提高焊接质量，在短距离内的运动时间也大为缩短，因而试图用它代替某些弧焊作业。据富士电动机报导，该公司最近推出一种高度较低的点焊机器人，用它可焊接车体的下部零件，这种矮小的点焊机器人还可以与较高的机器人组装在一起，对车体上部进行加工，从而缩短了整个焊接生产线的长度。目前，用两台机器人协调工作进行弧焊已相当普遍。其中，一台弧焊机器人。焊接工件，另一台夹持机器人夹持工件，从而不必为特殊工件专门设计成本很高的专用夹具，并能保持最佳的焊接压力。目前，丰田公司已开始使用能够焊接厚度 0.6mm 薄钢板（间隙 2mm）的弧焊机器人，由于这种弧焊机器人能从钢板一侧进入焊接位置而不必像点焊机器人那样需要从钢板两侧进入焊接位置，因而将优先取代某些点焊作业。在日本，激光焊接还不是很普遍，而柔性本体生产线（FBL）方案的应用已日益增多。在这种场合下，各种形状的钣金件都采用激光焊接，以形成车体的钣金件。将处理速度更高的微处理器引入到机器人控制器，显著提高了机器人的运动控制性能，从而提高了生产效率。由于运动控制性能的不断提高，一些新型应用成为可能，如汽车油箱的线焊，采用特殊的焊机焊接油箱的接缝，专门设计用于特定的油箱形状，而为了便于装入到车体的有限空间内，油箱的形状越来越复杂，因而这就要求机器人的工作尽可能满足这一需要。过去，由于难以保持恒定的线焊速度，很难实现这一任务，而使用了新的机器人控制器后则能够顺利完成这一任务。计算机视觉以其信息量大、精度高、检测范围大等特点，在焊接领域得到了广泛应用，为实现焊接操作自动化提供了有力手段。借助 CCD 摄像机、红外摄像仪、X 光探伤仪、高速摄像机等图像传感设备及智能化的图像处理方法，许多机器人及特定的自动焊机也具备了一定的视觉功能。它们不仅可以模拟熟练焊工的视觉感知能力，而且可以超越人的局限，完成诸如获取并处理强弧光及飞溅干扰下的焊缝图像，实时提取焊接熔池特征参数，预测焊接组织、结构及性能等，实现人类难以直接作业的特殊场合（如水下、空间核辐射环境等）的自动焊接施工，确保焊缝质量的稳定性和可靠性。在国内外研究人员的共同努力下，计算机视觉广泛应用于焊缝跟踪、熔池形状与熔透控制、焊道形貌检测与控制等领域，为焊接生产和过程自动化、智能化做出了重要贡献。鉴于焊接过程的复杂性、先进制造业对焊接技术更高层次的需求及用户对新型视觉传感系统更高的性价比要求等，当前还必须解决系统的复杂性与可靠性、实时性与精确性、可控性与智能化等方面的问题。

3. 装配机器人在汽车制造业中的应用

在国内外各大汽车公司装配生产线上广泛采用的装配机器人，一方面，使汽车装配自动化水平大大提高，目前，国外某些大批量生产的轿车的装配自动化程度已达到 50%～65%；另一方面，有效地减轻了工人的劳动强度，提高了装配质量，并明显地提高了生产率。在汽车整车装配中，机器人不仅用于挡风玻璃的密封及涂覆、安装，车轮备胎、仪表盘总成、后悬梁、车门、蓄电池等部件的安装，也用于发动机动力总成等大件的安装。

4. 喷涂机器人在汽车制造业中的应用

喷涂机器人在汽车制造业中可喷涂形态复杂的汽车工件，而且生产效率高，多用于汽车车体的喷涂作业，如喷漆、喷釉等。

除了上述4类机器人外，汽车制造业中应用的机器人还有用于特殊加工的激光加工机器人，用于部件形状测量、装配检查和产品缺陷检查的检测机器人，用于抑制尘埃粒子大小及数量的水切割机器人和净化机器人等。

随着中国汽车工业的迅猛发展，机器人在先进汽车制造中的重要性也越来越凸显，主要覆盖焊接、物料搬运、装配、喷涂、精加工、拾料、包装、货盘堆垛、机械管理等领域。在汽车行业的应用主要分为以下五大部分：①在车身系统中，采用虚拟仿真等手段，主要针对车身覆盖件不断开发出新的标准化、模块化解决方案；②在动力总成系统中，提供了涵盖汽车传动系统的核心部件：发动机、变速箱和传动轴的全套装配测试系统；③在冲压自动化系统方面，从卷材与堆垛到零件的码垛，从提供控制系统到企业ERP，从设计到生产支持与效率优化，拥有全面的工程能力；④涂装自动化系统方面，以高柔性、高精度的喷涂机器人帮助客户提升涂装质量，减少生产废料；⑤在焊接自动化系统中，机器人比较典型的应用是电阻点焊、电弧焊，其最新一代机器人配套提供一系列高度人性化的软件工具。汽车工业的最大特点是产量大、生产节拍快、产品一致化程度高。消费者对汽车质量的要求越来越高，是促使机器人应用越来越普遍的一个重要原因。

5. 机器人运用中的问题

（1）位置偏移后重新示教的问题

在ABB机器人应用于焊接时，如果发生焊接位置偏移，必须进行在线示教，然后进行在线运行，这个工作目前需要占用大量的生产时间。如果能利用先进的计算机动态仿真，将是ABB机器人在汽车焊接过程中的一次革命性的改变。

（2）机器人焊缝跟踪问题

示教再现型机器人进行弧焊时，不能对焊缝进行跟踪反馈，因而焊缝有细微变化时，不能保证焊缝质量，如果能够应用智能技术动态跟踪焊缝状态，就能有效地保证弧焊质量的可靠性和稳定性。

（3）机器人与其他工位或设备上的障碍物碰撞问题

目前机器人系统在处理信号交换时，都采用外部I/O信号交换彼此的工作状态，信号检测只以一个点的工作方式测量，即在某一运动程序中，确认某一个交换信号来决定机器人是否继续下面的工作。这样，一旦检测过程结束，而机器人的运动轨迹发生错误或信号交换不正常，碰撞问题就能得到有效控制甚至彻底避免。

七、评价反馈

评价反馈见表4-6。

表 4-6 评价表

基本素养（30 分）

序号	评估内容	自评	互评	师评
1	纪律（无迟到、早退、旷课）（10 分）			
2	安全规范操作（10 分）			
3	团结协作能力、沟通能力（10 分）			

理论知识（30 分）

序号	评估内容	自评	互评	师评
1	各种指令的应用（5 分）			
2	组装与入库工艺流程（5 分）			
3	I/O 单元和 I/O 信号的配置（5 分）			
4	对坐标系的认知（5 分）			
5	对运动指令的认知（5 分）			
6	对逻辑指令的认知（5 分）			

技能操作（40 分）

序号	评估内容	自评	互评	师评
1	独立完成组装与入库程序编写（10 分）			
2	程序校验（10 分）			
3	运行程序实现组装入库示教（10 分）			
4	程序自动运行（10 分）			
	综合评价			

八、练习题

1. 对图 4-1 所述任务采用上位机远程模式实现六轴工业机器人的自动组装入库。具体要求如下：

1）根据任务要求编写相应程序，逐一将环形装配检测机构固定位置按钮灯组件进行组装入库，信号采用现场总线控制，自动连续运行，通信地址：192.168.1.51，站类型：Modbus-TCP 从站。

2）根据任务描述完成 PLC 控制程序的编写与调试，实现六轴工业机器人远程控制按钮灯组装入库，完成 PLC 与六轴工业机器人通信程序的编写，采用 MODBUS–TCP 通信，设置通信地址：192.168.1.16，站类型：MODBUS–TCP 主站。

2. 假设环形装配检测机构 0°和 180°固定位置都有按钮灯组件，其他条件如练习题 1，实现两个按钮灯的自动连续组装入库。

项目五

工业机器人系统综合编程与调试（Ⅰ）
——按钮灯自动装配与分拣

一、学习目标

1. 能够熟练完成电气控制电路的测试与故障检测。
2. 能够熟练完成四轴 SCARA 机器人操作、编程与调试。
3. 能够熟练完成六轴工业机器人操作、编程与调试。
4. 能够熟练完成视觉系统编程与调试。
5. 能够熟练完成环形装配检测转盘编程与调试。
6. 能够熟练完成 PLC 与各设备间的通信。
7. 能够熟练完成 PLC 编程与调试。
8. 优化机器人运行轨迹、培养高效节能意识。

二、工作任务

（一）任务描述

某公司新进一套按钮灯装配自动生产线，用于完成图 5-1 所示按钮灯的装配和入库。动作流程：四轴 SCARA 机器人从原料库（见图 5-1a）中抓取对应的红色、黄色或蓝色按钮盖和灯座组成部件，并将按钮盖和灯座组成部件放置在环形装配检测机构的固定位置；然后环形装配检测机构旋转 180°，到达六轴工业机器人的装配检测工位，六轴工业机器人进行按钮盖的组装，组装完成后，供电机构给按钮灯送电，同时通过视觉相机检测并判断按钮灯的颜色；视觉检测完毕，供电机构停止送电，六轴工业机器人根据视觉相机的数据对按钮灯进行分类，然后将按钮灯搬入成品库指定位置（见图 5-1b）。

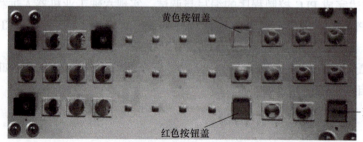

a）原料库中待上料的按钮灯散件

图 5-1　按钮灯散件及成品库位布置

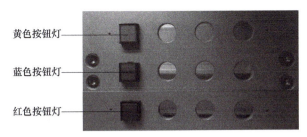

b）成品库中按钮灯库位

图 5-1　按钮灯散件及成品库位布置（续）

该设备主要有手动和自动两种模式。

1. 手动模式

1）通过示教器控制四轴 SCARA 机器人自动完成按钮灯散件的转运操作。

2）通过示教器控制六轴工业机器人自动完成按钮灯的组装和入库操作。

3）通过触摸屏按钮控制伺服电动机旋转（方向、角度、速度、位置清零、去使能）和视觉系统拍照，并且能在触摸屏上显示转盘的实时角度和视觉颜色检测结果（文字显示）。

2. 自动模式

1）按下急停按钮，所有信号均停止输出，松开急停按钮，复位指示灯以 1Hz 频率闪烁，按下复位按钮，复位指示灯常亮，使用示教器启动两个机器人返回安全点，夹具松开，转盘回 0°位置，复位指示灯熄灭，启动指示灯以 1Hz 频率闪烁。

2）按下启动按钮后，启动指示灯常亮，启动四轴 SCARA 机器人进行按钮灯散件上料操作。

3）转盘顺时针旋转 180°，六轴工业机器人选择合适的夹具进行按钮灯组装，组装完毕后回到安全点等待按钮灯入库信号，同时，四轴 SCARA 机器人进行按钮灯散件上料操作。

4）视觉系统对转运盘上的按钮灯拍照并识别颜色，同时在触摸屏上通过图片显示物料颜色，六轴工业机器人根据系统设计要求抓取按钮灯放入成品库相应位置。

5）转盘逆时针旋转 180°，重复上述动作。

6）完成 3 个按钮灯组装和入库后，一个工作流程结束，启动指示灯熄灭，停止指示灯常亮。

（二）技术要求

1. 四轴 SCARA 机器人程序编写及位置示教

1）设置通信地址：192.168.1.51。

2）站类型：MODBUS – TCP 从站。

注意：四轴 SCARA 机器人编程需要登录管理模式，密码为 000000（六个 0）。

2. 六轴工业机器人程序编写及位置示教

1）通信地址已设置：192.168.1.52。

2）站类型：MODBUS – TCP 从站。

注意：六轴工业机器人通过示教器设置参数时，需通过系统信息中的用户权限选择出厂设置，密码为 999999（六个 9）。

3. 完成伺服驱动器的参数配置

伺服电动机与转盘之间的减速机，减速比为1:50。

伺服驱动器参数已恢复为出厂设置，根据任务要求修改相应的参数，完成控制要求，并与 PLC 进行 CANLink 通信。

要求：

1）设置 CANLink 地址：9。

2）站类型：CANLink 从站。

4. 触摸屏程序的编写与调试

根据任务要求完成触摸屏程序的编写，触摸屏包含三个画面，分别为开机画面、主操作画面和转盘操作画面，分别如图5-2 ~ 图5-4所示。能够完成不同页面的切换，至少包含启动按钮、停止按钮、复位按钮和急停按钮的全部功能；实时显示转盘角度，在线修改转盘速度，在线修改加/减速时间，能准确到达 0° 位置和 180° 位置，实现转盘顺时针点动和逆时针点动（点动是指按下对应按钮后转盘保持对应方向的旋转，松开按钮时停止旋转）；能使伺服去使能，并设定当前位置为 0° 位置，能通过图片显示按钮灯颜色。

图 5-2 触摸屏开机画面

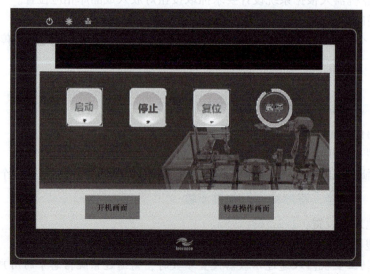

图 5-3 触摸屏主操作画面

项目五 工业机器人系统综合编程与调试（Ⅰ）——按钮灯自动装配与分拣

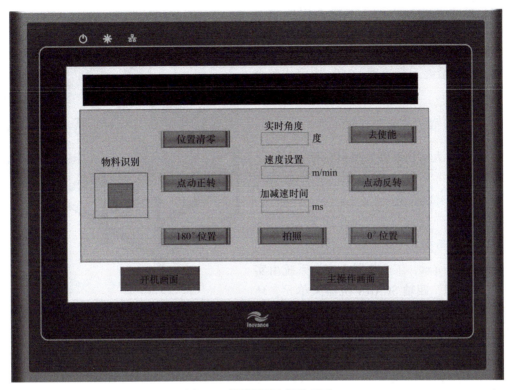

图 5-4 触摸屏转盘操作画面

要求：

1）通信方式为 MODBUS – TCP。

2）伺服电动机速度调节范围为 0~800r/min。

5. PLC 程序的编写与调试

根据任务描述完成 PLC 控制程序的编写与调试，协调机器人、环形装配检测机构工作，完成按钮灯的装配和入库。

要求：

1）完成 PLC 与四轴 SCARA 机器人、六轴工业机器人通信程序的编写，要求采用 MODBUS – TCP 通信。

2）完成 PLC 和伺服驱动器通信程序的编写，要求采用 CANLink 通信。

3）按照手动和自动模式的工作流程编写 PLC 控制程序。

4）设置通信地址：192.168.1.16。

5）站类型：MODBUS – TCP 主站。

6. 工作效率及工作质量

根据任务描述完成相应上料、转运、装配和入库功能，通过优化程序流程及运行速度提高工作效率和质量。

要求（全部在自动状态下完成）：

1）能够将按钮灯放入指定位置。

2)设备运转稳定,无卡顿和中途停机情况。

3)无损坏工件情况。

4)优化最终运行速度,360s内完成整个流程。

(三)所需设备

工业机器人实训系统如图5-5所示。

三、知识储备

(一)设备概述

如图5-5所示,工业机器人实训系统由实训台、原料库、四轴SCARA机器人单元、环形装配检测机构、六轴工业机器人装配分拣单元、视觉检测装置、对射光幕装置、成品库、装配桌、计算机桌及设备资源包组成。

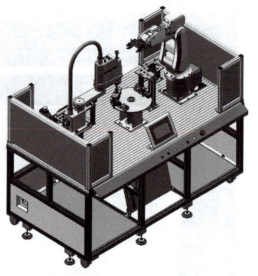

图5-5 工业机器人实训系统

该装置的主要任务是:四轴SCARA机械人从原料库抓取对应的红色、黄色或蓝色按钮灯盖及其他按钮灯组装部件,并将组装部件放置在环形装配检测机构的固定位置,然后环形装配检测机构旋转180°到达装配工位,六轴工业机器人进行按钮灯的组装,组装完成后,环形装配检测机构旋转至检测位,同时供电机构给按钮灯送电,通过视觉相机检测按钮灯的颜色和质量,六轴工业机器人根据视觉相机的数据对按钮灯进行分类,并将按钮灯搬运到成品库中。

(二)技术参数

1. 输入电源

单相三线,AC220V(±10%),50Hz。

2. 工作环境

温度-10~40℃,相对湿度<85%(25℃),无水珠凝结海拔<4000m。

3. 输出电源

直流稳压电源:24V、5A。

4. 设备尺寸

1900mm×990mm×1570mm($L \times W \times H$)。

5. 安全保护功能

急停按钮、漏电保护、安全光幕。

6. PLC

汇川。

7. 触摸屏

7in。

8. 六轴工业机器人

1）最大抓取质量：3kg。
2）动作半径：630mm。
3）重复定位精度：0.01mm。
4）运动范围如下。

1轴：-160°~160°；2轴：-130°~90°；3轴：-71°~101°；4轴：-180°~180°；5轴：-113°~113°；6轴：-360°~360°。

9. 四轴SCARA机器人

1）X轴参数。

手臂长度：200mm。

旋转范围：-127°~127°。

重定位精度：±0.01mm。

2）Y轴参数。

手臂长度：200mm。

旋转范围：-142°~142°。

重定位精度：±0.01mm。

3）Z轴参数。

行程：150mm。

重定位精度：±0.01mm。

4）R轴参数。

旋转范围：-360°~360°。

重定位精度：±0.005mm。

5）额定/最大负载：2kg/5kg。

（三）设备组成及功能描述

1. 原料库

原料库主要由储料台、安装支架、按钮底座、按钮盖和按钮指示灯等组成。

原料库是生产线的开端，为零件提供放置平台，采用九宫格条理化设计，方便规划运动轨迹，提高工作效率。

2. 四轴SCARA机械人单元

四轴SCARA机械人单元主要由栋梁四轴机器人、气动夹具，以及相关电气控制系统构成。

3. 环形装配检测机构

环形装配检测机构主要由转盘、安装支架、气动夹具、步进电动机、减速机和检测装置组成。

环形装配检测机构主要负责接收来自四轴 SCARA 机械人抓取的散件，将其运送到装配位置。同时将工件牢牢夹紧，防止在装配过程中工件移动。装配底座下面设置电源接口，用于检测按钮灯的装配质量。

4. 六轴工业机器人装配分拣单元

六轴工业机器人装配分拣单元由栋梁六轴工业机器人和气动手爪等组成。

机器人主要负责将环形装配检测机构上的按钮灯散件装配成一个按钮灯，装配完成后由视觉检测装置检测按钮灯的颜色和装配质量，根据检测结果将按钮灯分类放到按钮灯成品库中。

5. 视觉检测装置

视觉检测装置主要由安装支架、相机、摄像头、控制器、光源和暗箱等组成。

视觉检测装置通过摄像头检测按钮灯的装配质量及颜色，并将检测结果送至控制系统。

6. 成品库

成品库主要由储料台和安装支架组成。

成品库用于盛放已装配完成的按钮灯，根据颜色和质量进行分类。

7. 对射光幕

采用工业级安全光栅，配套相应的电气控制系统，当设备运行时，有物体进入后能够及时地停止动作。

（四）设备特点

1. 设备直观

主要设备均采用直接外露的安装形式，可以更加直观地展现在学生面前，缩短了学生从教室到工业现场的过渡和适应时间。

2. 结构灵活

系统采用模块式结构，使用和组合更加灵活，可满足实验、实训和考核等多种教学要求。

3. 系统性强

本平台将 PLC、四轴 SCARA 机器人、六轴工业机器人、视觉系统等集于一身，同时应用相关机械结构，能够真实模拟工业现场的各种控制方式，使学生能够进行自动控制的系统化学习，让学生对工业控制有了系统的认识，避免对单个电气元件很熟练，但不会多个电气元件相互控制的缺陷。

4. 设备开放性、扩展性强

可以根据需要方便、快速地更换主要设备，并且可以通过现场总线实现第三方设备的挂接。

5. 贴近现场实际

该设备的任务模型均为工业现场主流技术应用，适应当今控制技术的发展，可以满足学生做实验、课程设计、毕业设计的需要和学校承接工程的需求。

6. 设备安全性

采用工业级安全光幕，同时配备相应漏电、过载及短路保护装置，能够有效保护使用者的安全。

四、实践操作

（一）四轴 SCARA 机器人操作、编程与调试

1. 机器人 IP 设置

根据操作要求，需要设置机器人的 IP 地址：192.168.1.51。具体操作：单击软键"设置"→"系统设置"→"通讯设置"，按照图 5-6 设置动态 IP 开关：192.168.1.51，保存后重启即可。

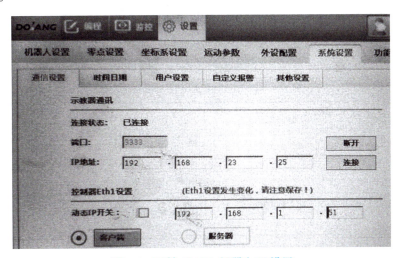

图 5-6　四轴 SCARA 机器人 IP 设置

2. 四轴 SCARA 机器人程序编写

四轴 SCARA 机器人在整套设备中是不可缺少的，四轴 SCARA 机器人从原料库中进行灯盖和灯座的抓取，并把它们分别放在转盘上对应的位置。四轴 SCARA 机器人 PLC 控制程序编写主要是读取四轴 SCARA 机器人的状态，根据不同的状态，PLC 有不同的控制，让四轴 SCARA 机器人有序地进行按钮灯组件的抓取。

在这套实践操作中，四轴 SCARA 机器人有 5 种状态：第 1 种和第 5 种状态是机器人回原点状态；第 2 种状态是机器人进入抓取状态；第 3 种状态是机器人将灯座放入转盘相应的位置，且没有松开机械气爪的一种状态；第 4 种状态是转盘上的气动夹具夹紧灯座，且机器人松开机械气爪的状态。具体的四轴 SCARA 机器人程序编写见表 5-1。

根据任务可知，灯盖和灯座的分布是有规则可寻的，按 3 行 4 列的矩形分布，这样就可以使用机器人的托盘指令（Pallet）来示教点。

托盘 1 需要示教点 P1、P2、P3，托盘 2 需要示教点 P4、P5、P6，如图 5-7 所示。

灯盖放置点 P21，灯座放置点 P22，如图 5-8 所示。

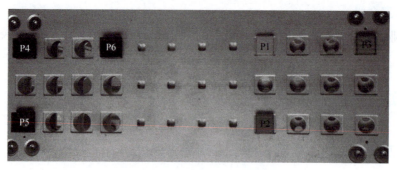

图 5-7　四轴 SCARA 机器人托盘示教点

图 5-8　四轴 SCARA 机器人放置示教点

表 5-1　四轴 SCARA 机器人程序及注释

	程　　序	注　　释
001	START；	程序开头
002	VelSet 100；	速度设定为 100%
003	Set Out［3］，OFF；	松开大气爪
004	Pallet 1，P［1］，P［2］，P［3］，3，4，1，0；	托盘 1 标定 P1、P2、P3 点，如图 5-7 所示
005	Pallet 2，P［4］，P［5］，P［6］，3，4，1，0；	托盘 2 标定 P4、P5、P6 点，如图 5-7 所示
006	B0 = 10；	将 10 赋值给 B0
007	Jump P［12］，V［30］，Z［0］，LH［30］，MH［-1］，RH［30］；	回到安全点 P12
008	R2 = 1；	将 1 赋值给 R2
009	For B4 = 0，B4 < 3，Step［1］	For 循环，初始化 B4 = 0，当 B4 < 3 时，进入循环，每次循环 B4 + 1，直到 B4 ≥ 3，跳出循环
010	For B5 = 0，B5 < 4，Step［1］	For 循环，初始化 B5 = 0，当 B5 < 4 时，进入循环，每次循环 B5 + 1，直到 B5 ≥ 4，跳出循环
011	While R224 < > 1	条件循环，若 R224 ≠ 1，则一直循环
012	EndWhile；	结束循环
013	If R226 = = 1	条件判断，若 R226 = 1，则执行下面程序
014	B21 = 31；	将 31 赋值给 B21
015	B22 = 32；	将 32 赋值给 B22

(续)

	程　　序	注　　释
016	EndIf;	结束条件判断
017	If R226 = = 2	条件判断，若 R226 = 2，则执行下面程序
018	B21 = 61;	将 61 赋值给 B21
019	B22 = 62;	将 62 赋值给 B22
020	EndIf;	结束条件判断
021	R2 = 2;	将 2 赋值给 R2
022	P [B0] = Pallet (1, B4, B5, 0);	将托盘 1 数据赋值给 P [B0]
023	Jump P [B0], V [30], Z [0], LH [80], MH [-1], RH [80];	运动到 P [B0] 点
024	WaitInPos;	等待完成
025	Set Out [3], ON;	大气爪夹紧
026	Delay T [0.5];	延时 0.5s
027	Jump P [B21], V [30], Z [0], LH [80], MH [-1], RH [80];	运动到 P [B21] 点
028	WaitInPos;	等待完成
029	R2 = 3;	将 3 赋值给 R2
030	While R224 < > 2	条件循环，若 R224 ≠ 2，则一直循环
031	EndWhile;	结束循环
032	Set Out [3], OFF;	松开大气爪
033	Delay T [0.5];	延时 0.5s
034	P [B0] = Pallet (2, B4, B5, 0);	将托盘 2 数据赋值给 P [B0]
035	Jump P [B0], V [30], Z [0], LH [80], MH [-1], RH [80];	运动到 P [B0] 点
036	WaitInPos;	等待完成
037	Set Out [3], On;	大气爪夹紧
038	Delay T [0.5];	延时 0.5s
039	Jump P [B22], V [30], Z [0], LH [80], MH [-5], RH [80];	运动到 P [B22] 点
040	WaitInPos;	等待完成
041	Set Out [3], OFF;	松开大气爪
042	Delay T [0.5];	延时 0.5s
043	R2 = 4;	将 4 赋值给 R2
044	Jump P [P12], V [30], Z [0], LH [30], MH [-1], RH [30];	运动到 P [P12] 点
045	WaitInPos;	等待完成
046	R2 = 5;	将 5 赋值给 R2

(续)

程　序		注　释
047	EndFor;	结束 For 循环
048	EndFor;	结束 For 循环
049	END;	结束

（二）六轴工业机器人操作、编程与调试

1. 六轴工业机器人 IP 设置

根据操作要求，需要设置机器人的 IP 为 192.168.1.52。具体操作：同时按住"上档 + 联锁 + 清除"按键进入主界面，单击"start"→"programs"→"windows explore"→"hard disk"键，打开 IP 文档，如图 5-9 所示，修改 IP 地址，单击"保存"键，重启即可。

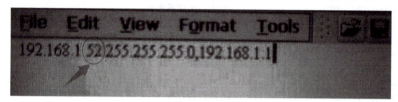

图 5-9　六轴工业机器人 IP 设置

2. 六轴工业机器人程序编写

六轴工业机器人在整套设备中扮演着重要的角色，它不仅要完成按钮灯的装配，还要将按钮灯成品分颜色入库。六轴工业机器人程序编写要根据控制要求分不同的工作状态。

六轴工业机器人在装配过程中有 6 种状态：第 1 种状态是在原点状态；第 2 种状态是进入装配状态；第 3 种状态是装配完成等待相机拍照的状态；第 4 种状态是六轴工业机器人第二次启动；第 5 种状态是拍照完成并且六轴工业机器人的机械气爪抓住灯具；第六种状态是六轴工业机器人将成品分颜色入库的状态。具体程序见表 5-2 ~ 表 5-8。

点 P15 为 0°灯盖抓取点，点 P25 为 180°灯盖抓取点；点 P17 为 0°压盖点，点 P28 为 180°压盖点；具体如图 5-10 所示。

点 P41 为黄色按钮灯入库点，点 P45 为绿色按钮灯入库点，点 P61 为红色按钮灯入库点，具体如图 5-11 所示。

图 5-10　六轴工业机器人装配示教点

图 5-11　六轴工业机器人入库示教点

表 5-2　六轴工业机器人主程序及注释

	主程序	主程序注释
001	NOP	程序开头
002	DOUT DO0.4 = 0	松开大气爪
003	DOUT DO0.5 = 0	松开小气爪
004	SET I34 = 0	将 0 赋值给 I034
005	SET I35 = 0	将 0 赋值给 I35
006	SET I36 = 0	将 0 赋值给 I36
007	SPEED SP = 10	设定运行速度为 10%
008	*home	标记 home
009	MOVJ P1　V = 100%　BL = 0　VBL = 0	运动到安全点 P1
010	SET I33 = 1	将 1 赋值给 I33
011	WHILE I1 < > 1 DO	条件循环，若 I1≠1，则一直循环
012	END_WHILE	结束循环
013	IF I2 = 1 THEN	条件判断，若 I2 等于 1，则执行下面程序
014	SET I33 = 2	将 2 赋值给 I33
015	CALL PROG = get1	调用子程序 get1
016	SET I33 = 3	将 3 赋值给 I33
017	END_IF	结束条件判断
018	IF I2 = 2 THEN	条件判断，如果 I2 = 2，则执行下面程序
019	SET I33 = 2	将 2 赋值给 I33
020	CALL PROG = get2	调用子程序 get2
021	SET I33 = 3	将 3 赋值给 I33
022	END_IF	结束条件判断
023	IF I3 = 1 THEN	条件判断，若 I3 = 1，则执行下面程序
024	CALL PROG = put1	调用子程序 put1
025	JUMP *Home	跳转到标记 Home
026	END_IF	结束条件判断
027	IF I3 = 2 THEN	条件判断，若 I3 = 2，则执行下面程序
028	CALL PROG = put2	调用子程序 put2
029	JUMP *Home	跳转到标记 Home
030	END_IF	结束条件判断
031	IF I3 = 3 THEN	条件判断，若 I3 = 3，则执行下面程序
032	CALL PROG = put3	调用子程序 put3
033	JUMP *Home	跳转到标记 Home
034	END_IF	结束条件判断
035	IF I3 = 4 THEN	条件判断，若 I3 = 4，则执行下面程序

(续)

主程序		主程序注释
036	CALL PROG = put4	调用子程序 put4
037	JUMP * Home	跳转到标记 Home
038	END_IF	结束条件判断
039	END	结束

表 5-3　六轴工业机器人子程序 get1 及注释

get1 子程序		子程序注释
001	NOP	程序开头
002	SET I33 = 2	将 2 赋值给 I33
003	MOVJ P14 V = 100% BL = 0 VBL = 0	运动到 P14 点，灯盖抓取点上方
004	DOUT DO0.4 = 0	松开大气爪
005	MOVL P15 V = 50% BL = 0 VBL = 0	运动到 P15 点，灯盖抓取点
006	DOUT DO0.4 = 1	大气爪夹紧
007	TIMER T = 200ms	延时 0.2s
008	MOVL P14 V = 50% BL = 0 VBL = 0	运动到 P14 点，灯盖抓取点上方
009	MOVJ P16 V = 100% BL = 0 VBL = 0	运动到 P16 点，压盖上方点
010	MOVL P17 V = 50% BL = 0 VBL = 0	运动到 P17 点，压盖点
011	DOUT D0.4 = 0	松开大气爪
012	TIMER T = 200ms	延时 0.2s
013	MOVL P16 V = 50% BL = 0 VBL = 0	运动到 P16 点，压盖上方点
014	SET I33 = 3	将 3 赋值给 I33
015	WHILE I1 < > 2 DO	条件循环，若 I1≠2，则一直循环
016	END_WHILE	结束循环
017	SET I33 = 4	将 4 赋值给 I33
018	MOVJ P30 V = 50% BL = 0 VBL = 0	运动到 P30 点，灯具抓取点上方
019	MOVL P31 V = 50% BL = 0 VBL = 0	运动到 P31 点，灯具抓取点
020	DOUT DO0.4 = 1	大气爪夹紧
021	TIMER T = 200ms	延时 0.2s
022	SET I33 = 5	将 5 赋值给 I33
023	WHILE I1 < > 3 DO	条件循环，若 I1≠3，则一直循环
024	END_WHILE	结束循环
025	MOVL P30 V = 50% BL = 0 VBL = 0	运动到 P30 点，灯具抓取点上方
026	MOVJ P40 V = 100% BL = 0 VBL = 0	运动到 P40 点，安全点
027	END	结束

表 5-4　六轴工业机器人子程序 get2 及注释

	get2 子程序	子程序注释
001	NOP	程序开头
002	SET I33 = 2	将 2 赋值给 I33
003	MOVJ P24 V = 100% BL = 0 VBL = 0	运动到 P24 点，灯盖抓取点上方
004	DOUT DO0.4 = 0	松开大气爪
005	MOVL P25 V = 50% BL = 0 VBL = 0	运动到 P25 点，灯盖抓取点
006	DOUT DO0.4 = 1	大气爪夹紧
007	TIMER T = 200ms	延时 0.2s
008	MOVL P24 V = 50% BL = 0 VBL = 0	运动到 P24 点，灯盖抓取点上方
009	MOVJ P26 V = 100% BL = 0 VBL = 0	运动到 P26 点，压盖点上方
010	MOVL P27 V = 50% BL = 0 VBL = 0	运动到 P27 点，压盖点
011	DOUT DO0.4 = 0	松开大气爪
012	TIMER T = 200ms	延时 0.2s
013	MOVL P26 V = 50% BL = 0 VBL = 0	运动到 P26 点，压盖点上方
014	SET I33 = 3	将 3 赋值给 I33
015	WHILE I1 < > 2 DO	条件循环，若 I1≠2，则一直循环
016	END_WHILE	结束循环
017	SET I33 = 4	将 4 赋值给 I33
018	MOVJ P35 V = 50% BL = 0 VBL = 0	运动到 P35 点，灯具抓取点上方
019	MOVL P36 V = 50% BL = 0 VBL = 0	运动到 P36 点，灯具抓取点
020	DOUT DO0.4 = 1	大气爪夹紧
021	TIMER T = 200ms	延时 0.2s
022	SET I33 = 5	将 5 赋值给 I33
023	WHILE I1 < > 3 DO	条件循环，若 I1≠3，则一直循环
024	END_WHILE	结束循环
025	MOVL P35 V = 50% BL = 0 VBL = 0	运动到 P35 点，灯具抓取点上方
026	MOVJ P40 V = 100% BL = 0 VBL = 0	运动到 P40 点，安全点
027	END	结束

表 5-5　六轴工业机器人子程序 put1 及注释

	put1 子程序	子程序注释
001	NOP	程序开头
002	SET I33 = 6	将 6 赋值给 I33
003	I34 = I34 + 1	I34 加 1
004	IF I34 = 1 THEN	条件判断，若 I34 = 1，则执行下面程序
005	MOVL P51 V = 50% BL = 0 VBL = 0	运动到 P51 点，黄色灯具放置点上方
006	MOVL P41 V = 20% BL = 0 VBL = 0	运动到 P41 点，黄色灯具放置点

(续)

	put1 子程序	子程序注释
007	DOUT DO0.4 = 0	松开大气爪
008	TIMER T = 200ms	延时 0.2s
009	END_IF	结束判断
010	IF I34 = 2 THEN	条件判断，若 I34 = 2，则执行下面程序
011	P52 = P51 + P80	偏移计算，P52 点等于 P51 + P80
012	MOVL P52 V = 20% BL = 0 VBL = 0	运动到 P52 点，黄色灯具放置点上方
013	P42 = P41 + P80	偏移计算，P42 点等于 P41 + P80
014	MOVL P42 V = 20% BL = 0 VBL = 0	运动到 P42 点，黄色灯具放置点
015	DOUT DO0.4 = 0	松开大气爪
016	TIMER T = 200ms	延时 0.2s
017	MOVP IncP = 50 V = 50% BL = 0 VBL = 0	向上运动 50mm
018	END_IF	结束判断
019	IF I34 = 3 THEN	条件判断，若 I34 = 3，则执行下面程序
020	P53 = P52 + P80	偏移计算，P53 点等于 P52 + P80
021	MOVJ P53 V = 50% BL = 0 VBL = 0	运动到 P53 点，黄色灯具放置点上方
022	P43 = P42 + P80	偏移计算，P43 点等于 P42 + P80
023	MOVL P43 V = 20% BL = 0 VBL = 0	运动到 P43 点，黄色灯具放置点
024	DOUT DO0.4 = 0	松开大气爪
025	TIMER T = 200ms	延时 0.2s
026	MOVP IncP = 50 V = 50% BL = 0 VBL = 0	向上运动 50mm
027	END_IF	结束判断
028	IF I34 = 4 THEN	条件判断，若 I34 = 4，则执行下面程序
029	P54 = P53 + P80	偏移计算，P54 点等于 P53 + P80
030	MOVJ P54 V = 100% BL = 0 VBL = 0	运动到 P54 点，黄色灯具放置点上方
031	P44 = P43 + P80	偏移计算，P44 点等于 P43 + P80
032	MOVL P44 V = 20% BL = 0 VBL = 0	运动到 P44 点，黄色灯具放置点
033	DOUT DO0.4 = 0	松开大气爪
034	TIMER T = 200ms	延时 0.2s
035	MOVP IncP = 50 V = 50% BL = 0 VBL = 0	向上运动 50mm
036	END_IF	结束判断
037	END	结束

表 5-6 六轴工业机器人子程序 put2 及注释

	put2 子程序	子程序注释
001	NOP	程序开头
002	SET I33 = 6	将 6 赋值给 I33

(续)

	put2 子程序	子程序注释
003	I35 = I35 + 1	I35 加 1
004	IF I35 = 1 THEN	条件判断，如果 I35 等于 1，则执行下面程序
005	MOVJ P55 V = 20% BL = 0 VBL = 0	运动到 P55 点，绿色灯具放置点上方
006	MOVL P45 V = 20% BL = 0 VBL = 0	运动到 P45 点，绿色灯具放置点
007	DOUT DO0. 4 = 0	松开大气爪
008	TIMER T = 200ms	延时 0.2s
009	MOVP IncP = 50 V = 50% BL = 0 VBL = 0	向上运动 50mm
010	END_IF	结束判断
011	IF I35 = 2 THEN	条件判断，若 I35 = 2，则执行下面程序
012	P56 = P55 + P80	偏移计算，P56 点等于 P55 + P80
013	MOVJ P56 V = 100% BL = 0 VBL = 0	运动到 P56 点，绿色灯具放置点上方
014	P46 = P45 + P80	偏移计算，P46 点等于 P45 + P80
015	MOVL P46 V = 50% BL = 0 VBL = 0	运动到 P46 点，绿色灯具放置点
016	DOUT DO0. 4 = 0	松开大气爪
017	TIMER T = 200ms	延时 0.2s
018	MOVP IncP = 50 V = 50% BL = 0 VBL = 0	向上运动 50mm
019	END_IF	结束判断
020	IF I35 = 3 THEN	条件判断，若 I35 = 3，则执行下面程序
021	P57 = P56 + P80	偏移计算，P57 点等于 P56 + P80
022	MOVJ P57 V = 100% BL = 0 VBL = 0	运动到 P57 点，绿色灯具放置点上方
023	P47 = P46 + P80	偏移计算，P47 点等于 P46 + P80
024	MOVL P47 V = 20% BL = 0 VBL = 0	运动到 P47 点，绿色灯具放置点
025	DOUT DO0. 4 = 0	松开大气爪
026	TIMER T = 200ms	延时 0.2s
027	MOVP IncP = 50 V = 50% BL = 0 VBL = 0	向上运动 50mm
028	END_IF	结束判断
029	IF I35 = 4 THEN	条件判断，若 I35 = 4，则执行下面程序
030	P58 = P57 + P80	偏移计算，P58 点等于 P57 + P80
031	MOVJ P58 V = 100% BL = 0 VBL = 0	运动到 P58 点，绿色灯具放置点上方
032	P48 = P47 + P80	偏移计算，P48 点等于 P47 + P80
033	MOVL P48 V = 20% BL = 0 VBL = 0	运动到 P48 点，绿色灯具放置点
034	DOUT DO0. 4 = 0	松开大气爪
035	TIMER T = 200ms	延时 0.2s
036	MOVP IncP = 50 V = 50% BL = 0 VBL = 0	向上运动 50mm
037	END_IF	结束判断
038	END	结束

表 5-7　六轴工业机器人子程序 put3 及注释

put3 子程序		子程序注释
001	NOP	程序开头
002	SET I33 = 6	将 6 赋值给 I33
003	I36 = 36 + 1	I36 加 1
004	IF I36 = 1 THEN	条件判断，若 I36 = 1，则执行下面程序
005	MOVJ P71 V = 100% BL = 0 VBL = 0	运动到 P71 点，红色灯具放置点上方
006	MOVL P61 V = 50% BL = 0 VBL = 0	运动到 P61 点，红色灯具放置点
007	DOUT DO0.4 = 0	松开大气爪
008	TIMER T = 200ms	延时 0.2s
009	MOVP IncP = 50 V = 50% BL = 0 VBL = 0	向上运动 50mm
010	END_IF	结束判断
011	IF I36 = 2 THEN	条件判断，若 I36 = 2，则执行下面程序
012	P72 = P71 + P80	偏移计算，P72 点等于 P71 + P80
013	MOVJ P72 V = 100% BL = 0 VBL = 0	运动到 P72 点，红色灯具放置点上方
014	P62 = P61 + P80	偏移计算，P62 点等于 P61 + P80
015	MOVL P62 V = 50% BL = 0 VBL = 0	运动到 P62 点，红色灯具放置点
016	DOUT DO0.4 = 0	松开大气爪
017	TIMER T = 200ms	延时 0.2s
018	MOVP IncP = 50 V = 50% BL = 0 VBL = 0	向上运动 50mm
019	END_IF	结束判断
020	IF I36 = 3 THEN	条件判断，若 I36 = 3，则执行下面程序
021	P73 = P72 + P80	偏移计算，P73 点等于 P72 + P80
022	MOVJ P73 V = 100% BL = 0 VBL = 0	运动到 P73 点，红色灯具放置点上方
023	P63 = P62 + P80	偏移计算，P63 点等于 P62 + P80
024	MOVL P63 V = 50% BL = 0 VBL = 0	运动到 P63 点，红色灯具放置点
025	DOUT DO0.4 = 0	松开大气爪
026	TIMER T = 200ms	延时 0.2s
027	MOVP IncP50 V = 50% BL = 0 VBL = 0	向上运动 50mm
028	END_IF	结束判断
029	IF I36 = 4 THEN	条件判断，若 I36 = 4，则执行下面程序
030	P74 = P73 + P80	偏移计算，P74 点等于 P73 + P80
031	MOVJ P74 V = 100% BL = 0 VBL = 0	运动到 P74 点，红色灯具放置点上方
032	P64 = P63 + P80	偏移计算，P64 点等于 P63 + P80
033	MOVL P64 V = 50% BL = 0 VBL = 0	运动到 P64 点，红色灯具放置点
034	DOUT DO0.4 = 0	松开大气爪
035	TIMER T = 200ms	延时 0.2s

(续)

put3 子程序		子程序注释
036	MOVP IncP = 50 V = 50% BL = 0 VBL = 0	向上运动 50mm
037	END_IF	结束判断
038	END	结束

表 5-8　六轴工业机器人子程序 put4 及注释

put4 子程序		子程序注释
001	NOP	程序开头
002	SET I33 = 6	将 6 赋值给 I33
003	MOVL P65　V = 20%　　BL = 0　　VBL = 0	运动到 P65 点，废品放置点上方
004	DOUT DO0.4 = 0	松开大气爪
005	TIMER T = 200ms	延时 0.2s
006	MOVP IncP = 50　V = 50%　BL = 0　VBL = 0	向上运动 50mm
007	END	结束

(三) 伺服参数设置

修改参数前先要恢复出厂设置，H02 - 31 设置参数为 1，掉电重启后再按表 5-9 进行参数设置。

表 5-9　伺服参数

功能码编号	功能码名称	出厂值	说明（当前值）
H00 - 00	电动机编号	14000	电动机编号
H03 - 10	DI5 端子功能选择	1	伺服使能：为了避免输入端子的功能重复，需要把 DI5 端子的使能关闭
H05 - 00	主位置指令来源	0	多段位置指令：由 H11 组参数设定多段位置功能的运行方式。由 DI 功能 FunIN.28 触发多段位置指令
H05 - 02	电动机每旋转 1 圈的位置指令数	0	电动机每旋转 1 圈的位置指令数，设定范围为 0 ~ 1048576
H0C - 00	驱动器轴地址	1	设置伺服轴地址
H0C - 09	(VDI) 驱动器地址	0	使能 VDI
H0C - 11	(VDO) 驱动器地址	0	使能 VDO
H11 - 04	位移指令类型选择	0	绝对位移指令：目标位置相对于电动机原点的位置增量
H17 - 00	VDI1 端子功能选择	0	VDI1 功能"伺服使能"
H17 - 02	VDI2 端子功能选择	0	VDI2 多段位置指令使能

(四) 视觉检测系统编程

1) 视觉检测系统新建作业。单击"新建作业"，输入作业名称，单击"确定"按钮，如

图 5-12 所示。

2）视觉检测系统"学习"物料颜色，将灯具放在转盘夹具处并夹加紧，检测台上电灯亮，单击"添加"按钮记录当前颜色，修改"通信代码"和"样本名称"，如图 5-13 所示。

图 5-12 新建作业

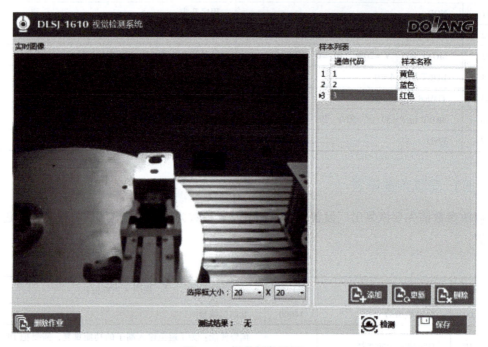

图 5-13 视觉颜色学习

3）视觉检测系统的 IP 设置。单击 IP 地址设置按钮，弹出对话框如图 5-14 所示。IP 设置为 192.168.1.13，端口需要和 PLC 的相对应，默认 502。

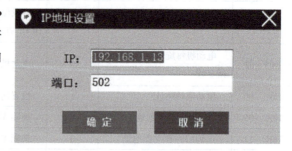

图 5-14 视觉系统 IP 设置

（五）PLC 程序编写

1. 组网与通信设置

（1）PLC IP 地址设置

如图 5-15 所示，在 PLC 软件界面设置 PLC 通信配置中的以太网配 IP 地址为 192.168.1.16，并通过 USB 接口将程序下载到 PLC 中。

（2）MODBUS – TCP 通信配置

PLC 与四轴 SCARA 机器人、六轴工业机器人、视觉系统之间的通信配置均采用 MODBUS – TCP 通信，将视觉系统、PLC、四轴 SCARA 机器人、六轴工业机器人和计算机通过交

项目五 工业机器人系统综合编程与调试（Ⅰ）——按钮灯自动装配与分拣

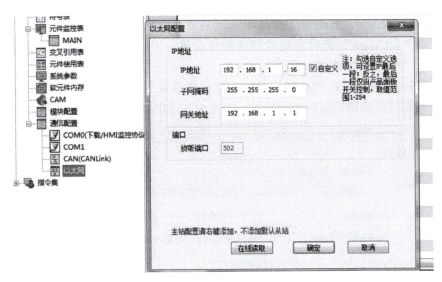

图 5-15　PLC IP 地址设置

换机连接。通信配置如图 5-16 所示。

编号	设备名称	从站IP地址	通信方式	功能	触发条件	从站寄存器地址(0)	数据长度	主站缓冲区地址	端口号	站号	协议
1	相机	192.168.1.13	循环	写寄存器		00	1	D500	502	255	Modbus TCP
2	相机	192.168.1.13	循环	读寄存器		10	1	D550	502	255	Modbus TCP
3	四轴	192.168.1.51	循环	写寄存器		8000	4	D200	502	255	Modbus TCP
4	四轴	192.168.1.51	循环	读寄存器		C350	4	D250	502	255	Modbus TCP
5	六轴	192.168.1.52	循环	写寄存器		00	8	D300	502	1	Modbus TCP
6	六轴	192.168.1.52	循环	读寄存器		20	8	D350	502	1	Modbus TCP

图 5-16　PLC MODBUS–TCP 通信

（3）伺服通信配置

双击软件左侧任务栏中通信配置下的 CAN（CANLink），修改 PLC 的 CAN 配置，如图 5-17 所示，完成后单击"确定"按钮。

图 5-17　CAN 配置

在 Autoshop 软件中，右击"工程管理树"→"通信配置"→"CAN"添加"CANLink 配置"，双击"CANLink"进行主站号和从站号设置，主站号采用默认值，从站号设置如图 5-18 所示，单击"添加"按钮即可。

单击"完成"按钮进入 PLC 与伺服驱动器通信设置界面，分别双击 63 号站（主站即 PLC）和 9 号站（从站即伺服）进行设置，如图 5-19 和图 5-20 所示。

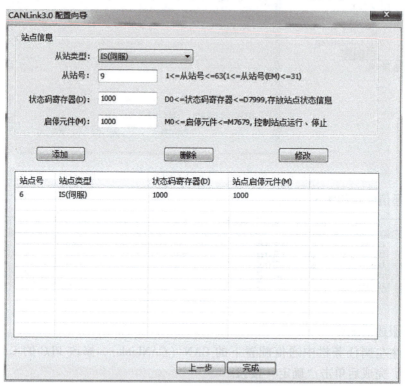

图 5-18　伺服从站号设置

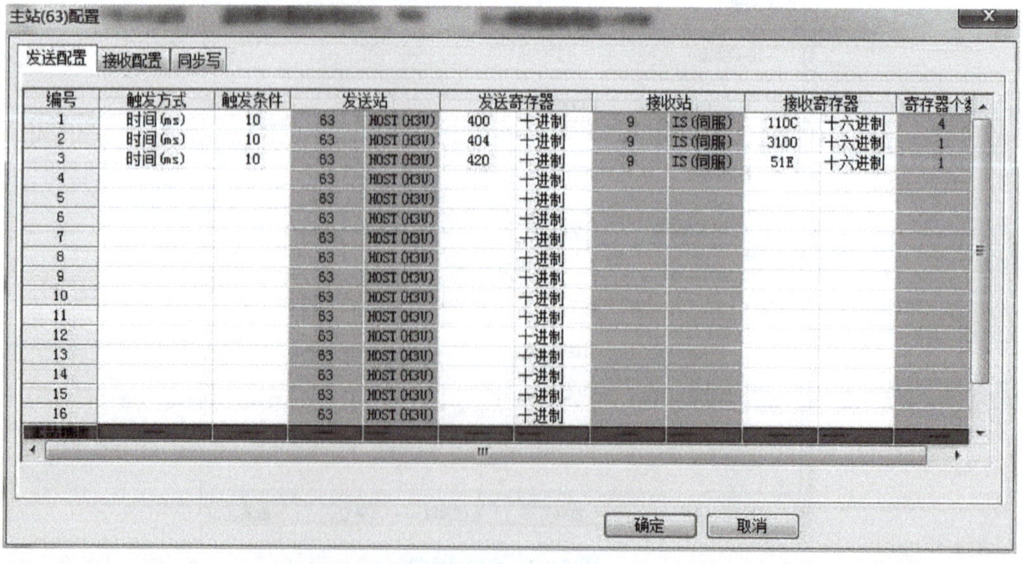

图 5-19　PLC 与伺服的通信联系设置（主站）

项目五　工业机器人系统综合编程与调试（Ⅰ）——按钮灯自动装配与分拣

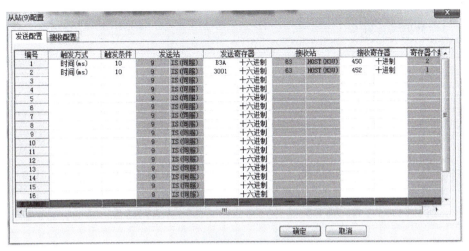

图 5-20　PLC 与伺服的通信联系设置（从站）

2. I/O 地址分配表（见表 5-10）

表 5-10　I/O 地址

序号	PLC 输入	功能	PLC 输出	功能
01	X0	启动	Y0	运行指示
02	X1	停止	Y1	停止指示
03	X2	复位	Y2	复位指示
04	X3	急停	Y3	伺服使能指示
05	X4	伺服使能	Y4	自动指示
06	X5	自动	Y5	故障指示
07	X7	安全光幕	Y7	检测位通电
08	X12	四轴 SCARA 机器人急停	Y12	四轴 SCARA 机器人急停

3. 主程序

主程序主要是调用子程序，用于掌控全局，如图 5-21 所示。

4. 转盘位置计算程序

伺服驱动器程序编制的关键在于伺服脉冲的计算，电动机每旋转一圈，编码器就会产生 8388608 个脉冲，只需将由数据 B3A 传送到 PLC 存储器中的脉冲个数除以 8388608，即为电动机旋转圈数。由于使用 1:50 减速器，电动机每旋转一圈，转盘旋转 7.2°，电动机圈数乘以 7.2，即为转盘旋转角度。伺服驱动器 PLC 程序如图 5-22 所示。

5. 灯具抓取程序

如图 5-23 所示，当四轴 SCARA 机器人

图 5-21　PLC 主程序

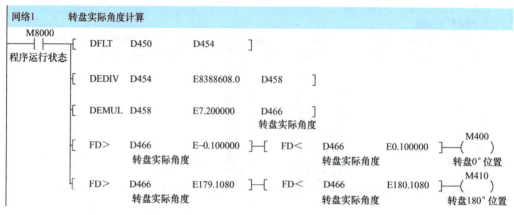

图 5-22 伺服角度计算

的状态是 1 或 5 时,需要给四轴 SCARA 机器人启动信号,也就是给四轴 SCARA 机器人的控制字传送相应数值,四轴 SCARA 机器人控制字是 D200,所以应使用传送指令,把 1 传送给 D200,

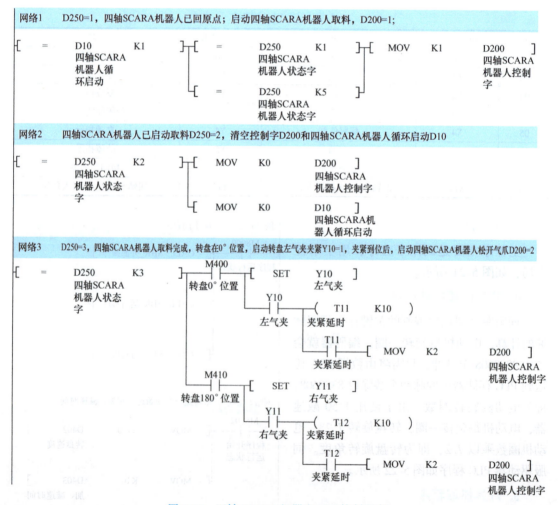

图 5-23 四轴 SCARA 机器人 PLC 控制程序

指令是 MOV K1 D200。当四轴 SCARA 机器人的状态为 3 时，四轴 SCARA 机器人将灯座放入转盘相应的位置，且四轴 SCARA 机器人并没有松开机械气爪，这时需要启动转盘上的气夹夹紧灯座。因为四轴 SCARA 机器人分拣时转盘分 0°和 180°位置，且气夹也分左气夹和右气夹，所以编程时要记住转盘 0°位置与左气夹对应，转盘 180°位置与右气夹对应。气夹夹紧到位后才能启动四轴 SCARA 机器人松开机械气爪，回到原点。

如图 5-24 所示，当六轴工业机器人的状态为 1 时，给六轴工业机器人启动信号，给六轴工业机器人控制字 D300 传送一个 1，六轴工业机器人启动运行，进入装配状态。当六轴工业机器人状态为 3 时，也就是装配完成，这时需要等待相机拍照。当六轴工业机器人状态为 4 时，相机拍照完成，PLC 已将数据传送给六轴工业机器人，六轴工业机器人第二次启动，程序如图 5-25 所示，第 5 种状态是拍照完成并且六轴工业机器人的机械气爪抓住灯具，程序如图 5-26 所示，第 6 种状态是机器人将成品分颜色入库的状态。

启动相机拍照需要给相机的控制字 D500 传送 1，相机进行拍照，拍照完成并把工件的颜色传送给六轴工业机器人，当颜色传送成功就启动六轴工业机器人。六轴工业机器人机械气爪抓住灯盖，这时就要转盘上的气夹松开，180°位置时松开左气夹，0°位置时松开右气夹，当气夹松开后就启动六轴工业机器人将成品分颜色入库。

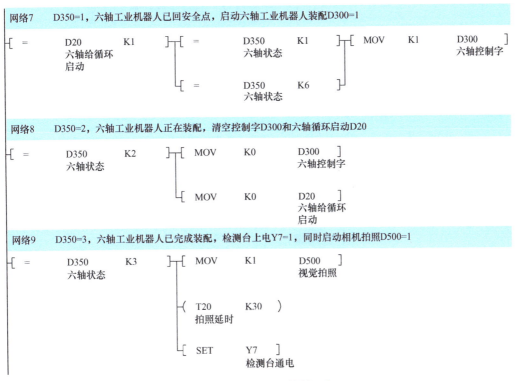

图 5-24 六轴工业机器人控制程序（一）

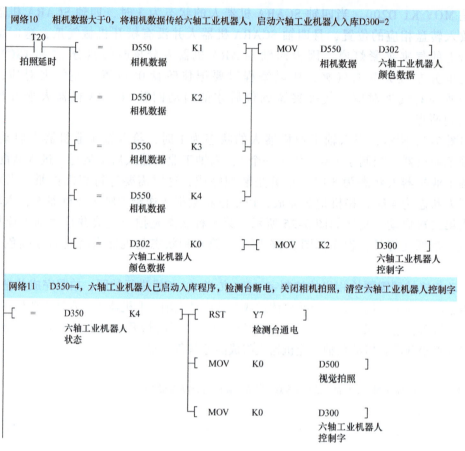

图 5-25　六轴工业机器人控制程序（二）

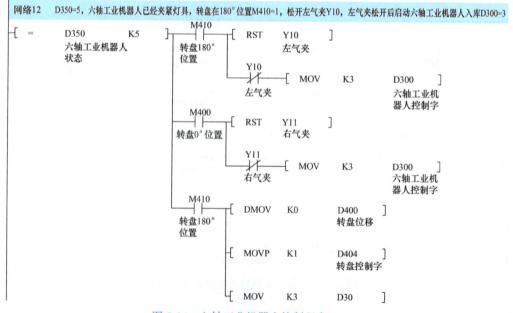

图 5-26　六轴工业机器人控制程序（三）

6. 触摸屏控制程序

电动机每旋转一圈，需要 10000 个脉冲，减速比为 1:50，若使转盘旋转 180°，则需要 250000 个脉冲。多段位置传送完毕，还需要传送多段位的速度，两者传送完毕后，将 H31-00，即 D404 赋值为 3，转盘即可达到 180° 位置。若想要转盘达到 0° 位置，仅需把多段位的位置修改为 0，其他均相同。转盘从 0° 旋转到 180° 的 PLC 程序如图 5-27 所示，转盘从 180° 反向旋转到 0° 的 PLC 程序如图 5-28 所示。

图 5-27 转盘从 0° 旋转到 180° 的 PLC 程序   图 5-28 转盘从 180° 反向旋转到 0° 的 PLC 程序

实现转盘顺时针点动和逆时针点动与 0°、180° 的控制方式基本相同，但点动的控制性更强，程序如图 5-29 所示。

电动机去使能就是让电动机停止，只要令转盘控制字 D404 = 0，转盘马上停止。电动机清零就是设定转盘的原点，令转盘电动机 D420 = 6，设定当前位置为原点，程序如图 5-30 所示。

7. 指示灯控制程序

松开急停按钮，复位指示灯以 1Hz 频率闪烁；按下复位按钮，复位指示灯常亮，程序如图 5-31 所示。

图 5-29 顺、逆时针点动控制程序

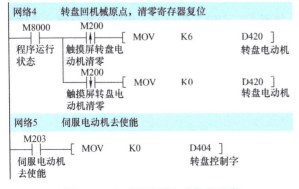

图 5-30 电动机清零和去使能程序

图 5-31 复位指示灯

复位完成，启动指示灯以 1Hz 频率闪烁；按下启动按钮后，启动指示灯常亮，程序如图 5-32 所示。

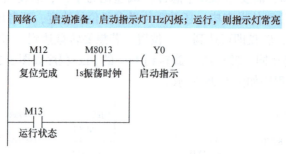

图 5-32　启动指示灯

停止状态可以理解为两个机器人都停止，不再工作，程序如图 5-33 所示。

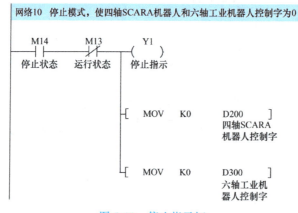

图 5-33　停止指示灯

8. 系统运行控制程序

系统运行要清楚以下三点：

1）设备初始运行四轴 SCARA 机器人开始分拣，转盘和六轴工业机器人进入等待状态。

2）转盘旋转到位后，四轴 SCARA 机器人和六轴工业机器人要同时启动。

3）四轴 SCARA 机器人抓取灯座放入转盘对应位置时，要待转盘气夹夹紧灯座后，机器人才能松开机械气爪，继续运行；六轴工业机器人分颜色入库时，必须待相机拍照完成且有数据传出，才能将成品入库。

1）和 3）两部分在前面的四轴 SCARA 机器人、六轴工业机器人程序中有介绍，具体参见程序内容。这里主要讲解第二部分，转盘旋转到位同时启动两机器人。

四轴 SCARA 机器人状态字为 5，完成分拣工作后回到安全点；六轴工业机器人状态字为 1，初始为安全点；六轴工业机器人状态字为 6，将成品分颜色入库。即四轴 SCARA 机器人、六轴工业机器人都不在转盘上运作，转盘可以旋转。程序如图 5-34 和图 5-35 所示。

（六）触摸屏界面制作

1. 新建工程

打开触摸屏软件，单击"文件"→"新建工程"，如图 5-36 所示，在"新建工程"对

项目五 工业机器人系统综合编程与调试（Ⅰ）——按钮灯自动装配与分拣

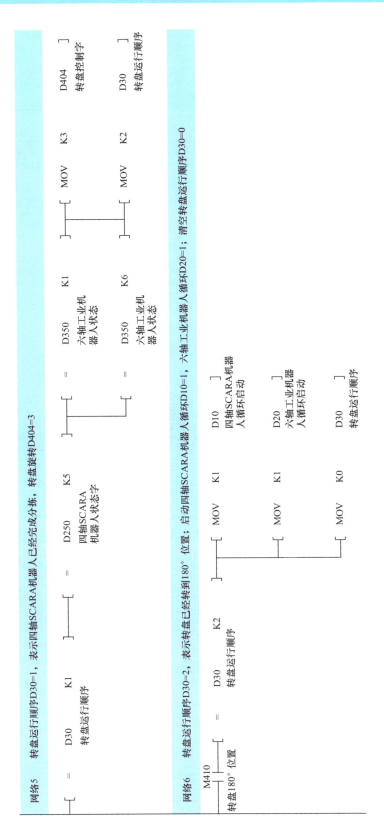

图 5-34 转盘顺序控制（一）

工业机器人系统集成技术应用

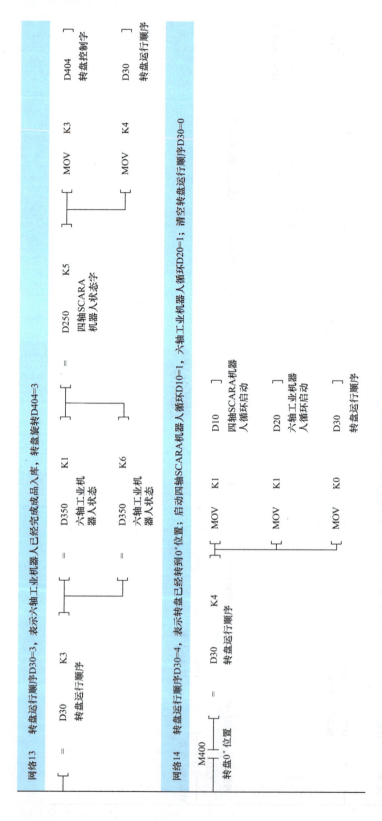

图 5-35 转盘顺序控制（二）

话框将 HMI 型号选为 IT6070E，输入工程名，单击"确定"按钮，在连接设备的设置窗口单击"取消"按钮，完成工程的新建。

2. 设备属性添加

右击"项目管理"，单击"通信连接"→"本地设备"→"Ethernet"添加设备，设备属性设置对话框如图 5-37 所示。

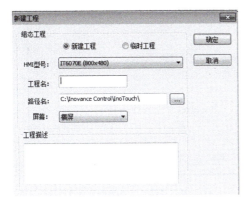

图 5-36 "新建工程"对话框

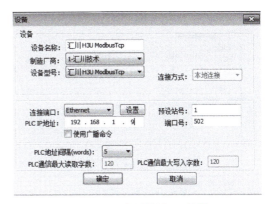

图 5-37 设备属性设置对话框

3. 触摸屏画面

在"组态画面"右击，选择"添加界面"命令，修改"页面名"为"主操作界面"，如图 5-38 所示，单击"确定"按钮。依次将 3 个界面（开机画面、主操作画面和转盘操作画面）添加完成。

在"初始页面"右击，选择"位状态控件"→"位状态开关"命令，在"初始页面"适当位置单击，新建一个"正转点动"的"位状态开关"；双击该开关进行相关属性设置，如图 5-39 所示，在"一般属性"标签页将读取地址设置为"汇川 H3U ModbusTcp. M (6)"，开关类型为"复归型"，在"标签属性"标签页中输入"正转点动"，在"图形属性"标签页图库中选择"按钮"。将该开关复制、粘贴 7 个，并进行相应的设置，完成其他手动控制开关的设置。同样地，建立"多状态指示灯"用于显示电动机状态。

（七）系统调试

完成程序编写后，要对程序进行调试。为了确保按钮灯自动装配分拣入库生产线能按任务要求正确运行，必须对整个系统做整体调试，以验证设计结果是否达到技术要求。系统调试可分为硬件电路检查与调试，PLC 程序功能实现的调试，生产线网络功能的实现，网络连接与数据传输调试等。

工业机器人实训系统各个组成部分手动/自动模式单机调整稳定，即四轴 SCARA 机器人、六轴工业机器人、环形装配检测机构和视觉系统运行稳定。在四轴 SCARA 机器人示教器上将模式切换到自动运行模式；将六轴工业机器人示教器上钥匙转到回放模式，按下"伺服准备"按钮和示教器上的启动按钮；将工业机器人实训系统按钮板上手动/自动切换按钮切换至自动模式，按下启动按钮即可进行系统的联调、联试，注意系统运行的安全性和可靠性，发生紧急情况随时按下紧急按钮。

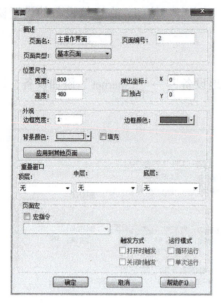 

图 5-38　界面添加　　　　　　　　图 5-39　修改开关标签

现场调试时，需要对设备出现的各种故障进行分析及诊断，并且找出故障部位所在，再用正常的备件替代，使得系统恢复正常运行。其中，最关键的是对故障进行分析，对外围线路或系统进行正常检测，同时对故障定位，找到故障的具体位置。

1. 系统非正常运行

只要系统能启动运行，那就说明系统硬件电路连接完好。但若系统并不是按照任务要求正常运行，而是出现这样或那样的问题，则说明系统存在故障，需要逐一分析解决。

1）实验平台发生报警时，通常可根据系统各组成部分的使用方法和操作信息判断解决。

2）六轴工业机器人出现限位现象，由于要不断使用大气爪与小气爪，很容易导致六轴工业机器人"卡死"、限位现象，因此应注意六轴工业机器人的旋转角度。

3）转盘反向传动时，需要查看变频器的设置是否合适，变频器与伺服电动机连接是否正确，若不合适，则应适当调整使其正常运转。

4）转盘0°位置偏移，需要重新将转盘调零。

2. 系统不能启动

当系统无法启动时，需要根据故障发生前后的系统状态信息，运用已掌握的理论基础进行分析，做出正确的判断。下面阐述测试阶段遇到此类主要故障及相应的诊断解决方法。

（1）常规检查法

目测：通过认真检查熔断器是否有烧断现象，元器件是否烧焦、烟熏、开裂或异物断路等现象，以此来判断板内有无过电流、过电压、短路等现象的发生。

手摸：通过用手触摸元器件并轻轻地晃动，检查是否存在虚接、断脚等现象。

通电：先用万用表查看各电源之间是否发生断路，若无断路现象发生再接入电源，查看是否冒烟、打火，手摸元器件是否存在异常发热，这样可检查出明显的故障，从而缩小检修的范围。

（2）仪器测量法

一旦系统发生故障，使用常规的电工检测工具和仪器，根据系统结构图及电路图，对发生故障部分的电压、电源、脉冲信号等逐个进行检查，以便找出故障的位置所在。

(3) 接口信号检查

通过 PLC 检查控制系统的接口信号，并与设计的正确信号相对比，也可分析出相应的故障。

五、问题探究

(一) 按钮灯组件的分拣、装配和入库动作分析

为了实现按钮灯装配过程中各个工序有序配合、自动进行，工业机器人实训系统综合运用了机械技术、控制技术、传感技术、驱动技术、网络技术、启动控制技术、PLC 控制和工业机器人应用技术等，能够承载真实的生产性功能，在相当高的程度上模拟了自动化生产线中按钮灯组件（灯盖、灯珠和灯座）分拣、整灯装配和入库的整个过程。

设备所模拟的生产流程包括按钮灯组件分拣、装配和按钮灯入库三个过程。转盘、机械手、各种传感器有机配合，四轴 SCARA 机器人负责把按钮灯组件抓取到转盘上，转盘转动并把按钮灯组件传送给六轴工业机器人，六轴工业机器人对按钮灯进行装配，工业视觉相机进行拍照、分辨颜色并把数据传送给 PLC，PLC 把颜色数据送入六轴工业机器人，最后六轴工业机器人按颜色把按钮灯分类入库。具体流程可以描述为：按下急停按钮，所有信号均停止输出→松开急停按钮，复位指示灯以 1Hz 频率闪烁→按下复位按钮，复位指示灯常亮，转盘回原点，左、右气夹放松，待两个机器人均回原点后，复位指示灯灭，运行指示灯以 1Hz 频率闪烁→按下启动按钮后，运行指示灯常亮，四轴 SCARA 机器人运行，把原料库的灯盖、灯珠和灯座分别放到转盘相应的位置→PLC 接收到四轴 SCARA 机器人放料完成信号→转盘左气夹夹紧后，旋转 180°→转盘旋转到位后，启动六轴工业机器人装配→PLC 接收到六轴工业机器人装配完成信号→启动视觉检测系统拍照，PLC 读取拍照信息→启动六轴工业机器人夹紧按钮，PLC 接收到六轴工业机器人夹紧信号→松开转盘气夹→启动六轴工业机器人入库→转盘旋转 180°→转盘旋转到位后，四轴 SCARA 机器人运行→PLC 接收到四轴 SCARA 机器人放料完成信号→转盘右气夹夹紧，反向旋转 180°→转盘旋转到位后，六轴工业机器人进行装配，如此循环，直到完成所有按钮灯装配工作。

在整个工作流程中，四轴 SCARA 机器人、六轴工业机器人和转盘有机配合，这是编制控制程序的重点。比如，四轴 SCARA 机器人在放最后的灯座时，需要转盘上的气夹夹紧后四轴 SCARA 机器人才能松开气爪回到原点；再比如六轴工业机器人的启动，需要转盘转到 180°位置或 0°位置时，六轴工业机器人才能启动进行装配等，编制程序时需要进行梳理，把各种信号综合有机地考虑在一起，制定出一种最佳方案。

由于这套设备的各部分（包括转盘，左、右气夹，四轴 SCARA 机器人，六轴工业机器人，视觉相机等）均可在操作平台上设定安装位置，编制控制程序时要充分考虑到不同的变化，排除各种干扰，具体到按钮灯组件在转盘上运转，多种速度的正反转，需要伺服启动器配合等。

最后，还必须充分考虑生产实际中所出现的处理方案，如工作模式有循环、单周期运行、点动运行等变化，这些都是编程控制程序时考虑的重点。

通过上述分析可知，工业机器人实训系统的 PLC 编程是非常基础的基本控制指令，用得比较多的指令是比较和传送指令。编程之前要将整套设备的控制流程了解清楚，这样会大

大提高编程效率,知道每一步需要 PLC 做什么事情,搞明白是给数据还是读取数据,不能混乱,一旦混乱设备运行就会出错。

整套设备是实现一个简单的工作流程,编制程序主要考虑两点:程序的循环和停止。

(二) 系统调试过程中的常见问题及处理方法

1. 伺服驱动器常见报警

1)Er.731(编码器电池故障):需设置 H0D-20=1 复位编码器故障,再进行原点复位操作。

2)Er.941:变更参数,需重新上电生效。

3)Er.942:参数存储频繁,需重新上电生效。

4)Er.994(CAN 地址冲突):确认从站 H0C-00 间是否存在重复分配,分配各从站地址,确保 H0C-00 不重复。

2. 四轴 SCARA 机器人程序跨行执行与示教器未连接

1)如果四轴 SCARA 机器人在自动运行时跳过某一段程序,有可能是程序移动指令后面没有加等待,加上等待指令(WaitInPos)即可。

2)如果示教器不能进行操作,且示教器右上角出现闪电标志,是因为示教器没有连接四轴 SCARA 机器人控制柜,解决方法:单击 "设置" → "系统设置" → "通信设置" → "连接"。

3. 六轴工业机器人偏移指令不能执行

如果偏移指令不能运行,可能是所用点坐标系不一致,把所用点改为相同坐标系就可以进行偏移操作了。

4. 相机黑屏

相机处于黑屏状态,有两种解决方法:

1)重启软件,打开文件夹找到 "Release",接着双击 "DL1508.exe" 重启软件。

2)重启计算机。

5. 通信不连接

如果机器人、触摸屏、相机和 PLC 不能传送数据,一般都从以下三个方面解决:

1)检查通信线是否松动。

2)检查 IP 设置是否对应。

3)检查程序是否正确。

六、知识拓展

(一) MODBUS-TCP 协议简介

1. 以太网标准

以太网是一种局域网,早期标准为 IEEE 802.3,数据链路层使用 CSMA/CD。
物理层包括:

1)以太网 10 Base 5 使用粗同轴电缆 RG-8 且最长延展距离为 500m。

2）以太网 10 Base 2 使用细同轴电缆 RG-58 且最长延展距离为 185m。

3）以太网 10 Base T 使用双绞线 UTP 或 STP 且最长延展距离为 100m。

快速以太网带宽为 100Mbit/s，标准为 802.3a，介质为 100 Base Tx 双绞线、100 Base Fx 光纤。

目前 10/100M 以太网使用最为普遍，很多企事业用户已实现 100M 到以太网桌面，确实体验到高速网络。另外，从距离而言，非屏蔽双绞线（UTP）为 100m，多模光纤可达 2～3km，单模光纤可大于 100km。千兆以太网 1000Mbit/s（802.3z/802.3ab）、万兆以太网 10Gbit/s（802.3ae）将为新一轮以太网的发展带来新的机遇与冲击。

2. 工业以太网与商用以太网的区别

什么是工业以太网？技术上，它与 IEEE802.3 兼容，故从逻辑上可把商用网和工业网看成是一个以太网，而用户可根据现场情况灵活装配网络部件。但由于工业环境和抗干扰的要求，设计者通常希望采用市场上可以找到的以太网芯片和媒介，同时兼顾考虑下述工业现场的特殊要求：一是考虑高温、潮湿、振动的要求。二是对工业抗电磁干扰和抗辐射的要求，如满足 EN50081-2、EN50082-2 标准，而办公室级别的产品未经这些工业标准测试，表5-11 列出了一些常用工业标准。为了改善抗干扰性和降低辐射，工业以太网产品多使用多层电路板或双面电路板，且外壳采用金属（如铸铝）屏蔽干扰。三是电源要求，因集线器、交换机、收发器多为有源部件，而现场电源的品质又较差，故常采用双路直流电或交流电为其供电，另外考虑方便安装，工业以太网产品多使用 DIN 导轨或面板安装。四是通信介质的选择，在办公室环境下多数配线使用 UTP，而在工业环境下推荐用户使用 STP（带屏蔽双绞线）和光纤。

表 5-11 常用工业标准

标　　准	测试方法	描　　述
EN55024	EN61000-4-2	静电放电
EN55024	EN61000-4-3	抗辐射干扰
EN55024	EN61000-4-4	快速瞬态脉冲
EN55024	EN61000-4-5	浪涌电压
EN55024	EN61000-4-6	传导干扰
EN55024	EN61000-4-11	瞬降瞬断电压
EN55022	CISPR22	辐射放射
EN55022	CISPR22	传导辐射

3. TCP/IP

（1）为什么使用 TCP/IP

最主要的一个原因是它能使用在多种物理网络技术上，包括局域网和广域网技术。TCP/IP 协议的成功很大程度上取决于它能适应几乎所有底层通信技术。

20 世纪 80 年代初，先在 X.25 上运行 TCP/IP 协议；而后又在一个拨号语音网络（如电话系统）上使用 TCP/IP 协议，又有 TCP/IP 在令牌环网上运行成功；最后又实现了 TCP/IP 远程分组无线网点与其他 Internet 网点间的 TCP/IP 通信。所以 TCP/IP 协议极其灵活，具备连接不同网络的能力。

另外，使用 TCP/IP 也简化了 OSI 模型，因为它省略了表示层和会话层。如果现在把以太网的物理层和数据链路层加到 OSI 模型上就构成了基于以太网的 TCP/IP 网，如图 5-40 所示。用以太网实现 TCP/IP 也是较经济的一种方式。

（2）IP（Internet Protocol）

IP 是 Internet 最基本的协议，IP 层的主要目的是找到 IP 报文的"下一个连接点"，

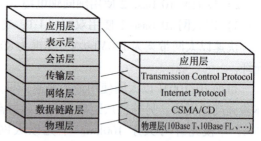

图 5-40　ISO/OSI 与以太网 TCP/IP

它可以是路由器、计算机、控制器甚至 I/O，关键该设备须有自己的 IP 地址。凡在网络层使用 IP 协议的网络，都通过 IP 地址寻址，所以使用时首先要进行复杂的设置，每个节点至少需要一个"IP 地址"、一个"子网掩码"、一个"默认网点"和一个"主机名"，如此复杂的设置，对于一些初识网络的用户来说的确不便，不过随着对网络的熟悉，有许多 IP 地址配置工具可方便进行 IP 设置，甚至是自动设置。

IP 是面向报文的协议，它独立处理每个报文包，每个报文包必须含有完整的寻址信息。IP 报文包的格式如图 5-41 所示。

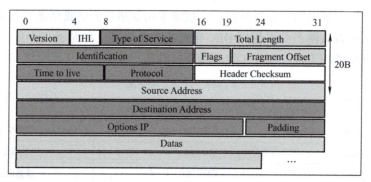

图 5-41　IP 报文包的格式

IP 地址的类型共有 4 种（见图 5-42）：A 类用于处理超大型网络，最多 1677214 个主机（1～126）；B 类网络最多可有 65534 个主机（网络地址的第一段为 128～191）；C 类用于小型网络，最多可有 254 个主机（网络地址的第一段为 192～223）；D 类用于多点播送，用于多目的信息的传输。全零（"0.0.0.0"）

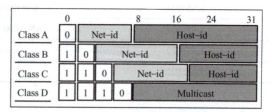

图 5-42　4 种 IP 地址类型

地址对应于当前主机，全 1 地址（"255.255.255.255"）是当前子网的广播地址。

（3）TCP（Transmission Control Protocol）

TCP 是基于传输层的协议（见图 5-43），协议文件可从 RFC793 得到，TCP 使用广泛，是面向连接的可靠协议。它能把报文分解为数段，在目的站再重新装配这些段，支持重新发送未被收到的段，提供两台设备间的全双工连接，允许它们高效地交换大量数据。TCP 使用滑动窗口协议高效使用网络。由于 TCP 很少干预底层投递系统的工作，它适应各种投递系

统；且提供流量控制，能使各种不同速率的系统进行通信。报文段是 TCP 所使用的基本传输单元，用于传输数据或控制信息。

(4) TCP 端口

TCP 是使用端口（Socket）号把信息传到上层，为用户提供不同服务，端口号跟踪同一时间内通过网络的不同会话。RFC1700 中定义了众所周知的特殊端口号，常用端口见表 5-12。其中，502 端口是自动化公司唯一所拥有的端口号码。

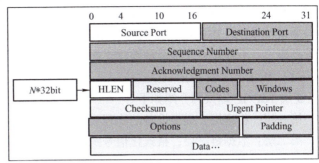

图 5-43 TCP 协议的报文段格式

表 5-12 常用端口

十进制数	关键字	说明
20	FTP-Data	文件传输协议（数据）
21	FTP	文件传输协议
23	Telnet	远程登录
25	SMTP	简单邮件传输协议
53	Domain	域名服务器
67	Pootps	启动协议服务器
80	Http	超文本传输协议
110	POP3	邮件接收协议
502	MODBUS	自动化信息传输

(5) 协议（Protocol）的功能

组建网络时，必须选择一种网络通信协议，使得用户之间能相互进行"交流"。协议是网络设备用来通信的一套规则，可理解为一种彼此都能听懂的公用语言。如在网络层使用 IP 协议，在传输层使用 TCP 协议，就构成了目前常用的 TCP/IP 协议，现在几乎所有厂商和操作系统都支持它。同时，TCP/IP 也是 Internet 的基础协议。如在应用层使用工业上事实标准的 MODBUS 协议（见图 5-44），就构成了完整的工业以太网应用。

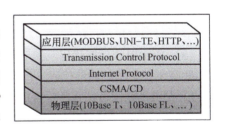

图 5-44 MODBUS TCP/IP 模型

4. 开放和标准的 MODBUS – TCP

MODBUS 是开放协议，互联网编号分配管理机构（Internet Assigned Numbers Authority，IANA）给 MODBUS 协议赋予 TCP 端口 502。

MODBUS 是标准协议，它已提交给互联网工程任务部（Internet Engineering Task Force，IETF），将成为 Internet 标准。因自 1978 年，工业自动化行业已安装了百万计串口 MODBUS 设备和十万计 MODBUS TCP/IP 设备，拥有超过 300 个 MODBUS 兼容设备厂商，还有 90%

的第三厂家 I/O 支持 MODBUS TCP/IP，所以是使用广泛的实施标准。MODBUS 的普及得益于使用门槛很低，无论用串口还是用以太网，硬件成本低廉，MODBUS 和 MODBUS-TCP 都可以免费得到，且在网上有很多免费资源，如 C/C++、JAVA 样板程序、ActiveX 控件、各种测试工具等，所以用户使用很方便。另外，几乎可以找到任何现场总线到 MODBUS-TCP 的网点，方便用户实现各种网络之间的互联。

（1）MODBUS TCP/IP

5 层 TCP/IP 以太网介绍如下。

第一层：物理层，提供设备的物理接口，与介质/网络适配器相兼容。

第二层：数据链路层，格式化信号到源/目的硬件地址的数据帧。

第三层：网络层，实现带有 32 位 IP 地址的 IP 报文包。

第四层：传输层，实现可靠性连接、传输、查错、重发、端口服务、传输调度。

第五层：应用层，MODBUS 协议报文。

（2）MODBUS-TCP 数据帧

在 TCP/IP 以太网上传输，支持 Ethernet Ⅱ 和 802.3 两种帧格式。如图 5-45 所示，MODBUS-TCP 数据帧包含报文头、功能代码和数据 3 部分。

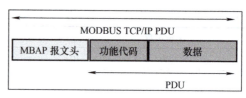

图 5-45　MODBUS-TCP 数据帧格式

MBAP 报文头分 4 个域，共 7 个字节，见表 5-13。

表 5-13　MBAP 报文头

域	长度/B	描述	客户端	服务器端
传输标志	2	标志某个 MODBUS 询问/应答的传输	由客户端生成	应答时复制该值
协议标志	2	0 = MODBUS 协议 1 = UNI-TE 协议	由客户端生成	应答时复制该值
长度	2	后续字节计数	由客户端生成	应答时由服务器端重新生成
单元标志	1	定义连续于目的其他设备	由客户端生成	应答时复制该值

（3）MODBUS 功能代码

共有 3 种类型的功能代码

1）公共功能代码（见表 5-14）：已定义好的功能代码，保证其唯一性，由 Modbus.org 认可。

2）用户自定义功能代码有两组，分别为 65~72 和 100~110，无须认可，但不保证代码使用的唯一性。如变为公共代码，需交 RFC 认可。

3）保留的功能代码，由某些公司使用在某些传统设备的代码，不可作为公共用途。

功能代码的划分：按应用深浅，可分为以下 3 个类别。

1）类别 0，对于客户机/服务器最小的可用子集；读多个保持寄存器（fc.3）；写多个保持寄存器（fc.16）。

2）类别 1，可实现基本互易操作的常用代码；读线圈（fc.1）；读开关量输入（fc.2）；读输入寄存器（fc.4）；写线圈（fc.5）；写单一寄存器（fc.6）。

3）类别 2，用于人机界面、监控系统的例行操作和数据传送功能；写多个线圈（fc.15）；读通用寄存器（fc.20）；写通用寄存器（fc.21）；屏蔽写寄存器（fc.22）；读/写多个寄存器（fc.23）。

表 5-14 MODBUS 常用公共功能代码

常用公共功能代码			功能码		
			十进码	子码	十六进制
位操作	开关量输入	读输入点	02		02
	内部位或开关量输出	读线圈	01		01
		写单个线圈	05		05
		写多个线圈	15		0F
16 位操作	模拟量输入	读输入寄存器	04		04
	内部寄存器或输出寄存器（模拟量输入）	读多个寄存器	03		03
		写单个寄存器	06		06
		写多个寄存器	16		10
		读/写多个寄存器	23		17
		屏蔽写寄存器	22		16
文件记录		读文件记录	20	6	14
		写文件记录	21	6	15
封装接口		读设备标识	43	14	2B

（二） CAN 总线简介

控制器局域网（Controller Area Network，CAN）属于现场总线的范畴，是一种有效支持分布式控制系统的串行通信网络。它是由德国博世公司在 20 世纪 80 年代专门为汽车行业开发的一种串行通信总线，由于其高性能、高可靠性以及独特的设计而越来越受到人们的重视，被广泛应用于诸多领域，如汽车业、航空业、工业控制、安全防护等领域。

1. 工作原理

CAN 总线使用串行数据传输方式，可以 1Mbit/s 的速率在 40m 的双绞线上运行，也可以使用光缆连接，而且在这种总线上总线协议支持多主控制器。当 CAN 总线上的一个节点（站）发送数据时，它以报文形式广播给网络中所有节点。对每个节点来说，无论数据是否是发给自己的，都对其进行接收。每组报文开头的 11 位字符为标识符，定义了报文的优先级，这种报文格式称为面向内容的编址方案。在同一系统中标识符是唯一的，不可能有两个站发送具有相同标识符的报文。当几个站同时竞争总线读取时，这种配置十分重要。

当一个站要向其他站发送数据时，该站的 CPU 将要发送的数据和自己的标识符传送给本站的 CAN 芯片，并处于准备状态；当它收到总线分配时，转为发送报文状态。CAN 芯片将数据根据协议组织成一定的报文格式发出，这时网上的其他站处于接收状态。每个处于接收状态的站对接收到的报文进行检测，判断这些报文是否是发给自己的，以确定是否接收它。由于 CAN 总线是一种面向内容的编址方案，因此很容易建立高水准的控制系统并灵活地进行配置。我们可以很容易地在 CAN 总线中加进一些新站而无须在硬件或软件上进行修改。当所提供的新站是纯数据接收设备时，数据传输协议不要求独立的部分有物理目的地址。它允许分布过程同步化，即总线上控制器需要测量数据时，可由网上获得，而无须每个控制器都有自己独立的传感器。

2. 报文类型

在CAN2.0B的版本协议中有两种不同的帧格式，不同之处为标识符域的长度不同，含有11位标识符的帧称为标准帧，而含有29位标识符的帧称为扩展帧。如CAN1.2版本协议所描述，两个版本的标准数据帧格式和远程帧格式分别是等效的，而扩展格式是CAN2.0B协议新增加的特性。为了使控制器设计相对简单，并不要求执行完全的扩展格式，对于新型控制器而言，必须不加任何限制的支持标准格式。但无论是哪种帧格式，在报文传输时都有以下四种不同传输结构的帧。

3. 帧类型

在报文传输时，不同的帧具有不同的传输结构，下面分别介绍四种传输帧的结构，只有严格按照该结构进行帧的传输，才能被节点正确接收和发送。

1) 数据帧。数据帧由七种不同的位域（Bit Field）组成：帧起始（Start of）、仲裁域（Arbitration Field）、控制域（Control Field）、数据域（Data Field）、CRC域（CRC Field）、应答域（ACK Field）和帧结尾（End of）。数据域的长度可以为0~8个字节。

① 帧起始（SOF）：帧起始（SOF）标志着数据帧和远程帧的起始，仅由一个"显性"位组成。在CAN的同步规则中，当总线空闲时（处于隐性状态），才允许站点开始发送信号。所有的站点必须同步于首先开始发送报文的站点的帧起始前沿（该方式称为"硬同步"）。

② 仲裁域：仲裁域由标识符和RTR位组成，标准帧格式与扩展帧格式的仲裁域格式不同。标准格式里，仲裁域由11位标识符和RTR位组成。标识符位有ID28~ID18。扩展帧格式里，仲裁域包括29位标识符、SRR位、标志符扩展（Identifier Extension，IDE）位、RTR位。其标识符有ID28~ID0。为了区别标准帧格式和扩展帧格式，CAN1.0~CAN1.2版本协议的保留位r1现表示为IDE位。IDE位为显性时，表示数据帧为标准格式；IDE位为隐性时，表示数据帧为扩展帧格式。在扩展帧中，替代远程请求（Substitute Remote Request, SRR）位为隐性。仲裁域传输顺序为从最高位到最低位，其中最高7位不能全为零。RTR的全称为"远程发送请求（Remote TransmissionRequest）"。RTR位在数据帧里必须为"显性"，而在远程帧里必须为"隐性"，它是区别数据帧和远程帧的标志。

③ 控制域：控制域由6位组成，包括两个保留位（r0、r1同于CAN总线协议扩展）及4位数据长度码，允许的数据长度值为0~8字节。

④ 数据域：发送缓冲区中的数据按照长度代码指示长度发送。对于接收的数据，同样如此。它可为0~8字节，每个字节包含8位，首先发送的是MSB（最高位）。

⑤ CRC校验码域：它由CRC域（15位）及CRC边界符（一个隐性位）组成。CRC计算中，被除的多项式包括帧的起始域、仲裁域、控制域、数据域及15位为0的解除填充的位流给定，此多项式被多项式$X^{15}+X^{14}+X^{10}+X^8+X^7+X^4+X^3+1$除（系数按模2计算），相除的余数即为发至总线的CRC序列。发送时，CRC序列的最高有效位被首先发送/接收。之所以选用这种帧校验方式，是由于这种CRC校验码对于少于127位的帧是最佳的。

⑥ 应答域：应答域由发送方发出的两个（应答间隙及应答界定）隐性位组成，所有接收到正确的CRC序列的节点将在发送节点的应答间隙上将发送的这一隐性位改写为显性位。因此，发送节点将一直监视总线信号已确认网络中至少一个节点正确地接收到所发信息。应答界定符是应答域中第二个隐性位，由此可见，应答间隙两边有两个隐性位：CRC域和应答界定位。

⑦ 帧结束域：每一个数据帧或远程帧均由一串七个隐性位的帧结束域结尾。这样，接收节点可以正确检测到一个帧的传输结束。

2）错误帧。错误帧由两个不同的域组成：第一个域是来自控制器的错误标志。第二个域为错误分界符。

① 错误标志：它有两种形式的错误标志。

a）激活（Active）错误标志，它由 6 个连续显性位组成。

b）认可（Passive）错误标志，它由 6 个连续隐性位组成。

它可由其他 CAN 总线协议控制器的显性位改写。

② 错误分界符：它由 8 个隐性位组成。传送了错误标志以后，每一站就发送一个隐性位，并一直监视总线直到检测出 1 个隐性位为止，然后就开始发送其余 7 个隐性位。

3）远程帧。远程帧也有标准格式和扩展格式，而且都由 6 个不同的位域组成：帧起始、仲裁域、控制域、CRC 域、应答域、帧结尾。与数据帧相比，远程帧的 RTR 位为隐性，没有数据域，数据长度编码域可以是 0~8 个字节的任何值，这个值是远程帧请求发送的数据帧的数据域长度。当具有相同仲裁域的数据帧和远程帧同时发送时，由于数据帧的 RTR 位为显性，所以数据帧获得优先。发送远程帧的节点可以直接接收数据。

4）过载帧。过载帧由两个区域组成：过载标识域及过载界定符域。下述三种状态将导致过载帧发送。

① 接收方在接收一帧之前需要较长的时间处理当前的数据（接收尚未准备好）。

② 在帧空隙域检测到显性位信号。

③ 如果 CAN 节点在错误分界符或过载界定符的第 8 位采样到一个显性位节点会发送一个过载帧。

七、评价反馈

评价反馈见表 5-15。

表 5-15　评价表

基本素养（30 分）				
序号	评估内容	自评	互评	师评
1	纪律（无迟到、早退、旷课）（10 分）			
2	安全规范操作（10 分）			
3	团结协作能力、沟通能力（10 分）			
理论知识（30 分）				
序号	评估内容	自评	互评	师评
1	四轴 SCARA 机器人编程与调试（5 分）			
2	六轴工业机器人编程与调试（5 分）			
3	PLC 程序编写与调试（5 分）			
4	触摸屏界面制作（5 分）			
5	伺服参数设置（5 分）			
6	视觉编程与调试（5 分）			

(续)

技能操作（40分）				
序号	评估内容	自评	互评	师评
1	独立完成程序编写（10分）			
2	程序校验（10分）			
3	手动运行程序（10分）			
4	自动运行程序（10分）			
综合评价				

八、练习题

某公司新进一套自动按钮灯装配生产线，完成图5-46所示按钮灯的装配和入库。动作流程为四轴SCARA机器人从原料库图5-46a中抓取对应的红色、黄色或蓝色灯盖及其他按钮灯组装部件，将按钮灯散件放置在环形装配检测机构的固定位置，然后进行按钮灯的组装；组装完成后，环形装配检测机构旋转180°，到达六轴工业机器人检测工位，供电机构给按钮灯送电，同时通过视觉相机检测并判断按钮灯的颜色；视觉检测完毕，供电机构停止

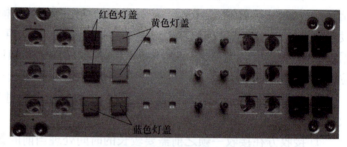

a）原料库中待上料的按钮灯散件

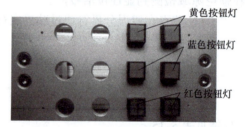

b）成品库中按钮灯库位

图5-46 按钮灯散件及成品库位布置

送电，六轴工业机器人根据视觉相机的数据对按钮灯进行分类，然后通过六轴工业机器人将按钮灯搬入成品库指定位置。设备需完成的功能如下。

1. 手动模式

1）通过示教器控制四轴SCARA机器人自动完成多品种物料的转运操作。

2）通过示教器控制四轴SCARA机器人自动完成按钮灯的装配。

3）通过触摸屏按钮控制伺服电动机旋转（方向、角度、速度、位置清零、去使能）和视觉系统拍照，并且能在触摸屏上显示转盘的实时角度和视觉系统颜色检测结果（文字显示）。

2. 自动模式

1）按下急停按钮，所有信号均停止输出，松开急停按钮，复位指示以1Hz频率闪烁，按下复位按钮，复位指示灯常亮，使用示教器启动两个机器人并回安全点，夹具松开，转盘回0°位置，复位指示灯熄灭，启动指示灯以1Hz频率闪烁。

2）按下启动按钮后，启动指示灯常亮，启动四轴SCARA机器人完成物料转运操作；

然后四轴 SCARA 机器人根据任务书要求选择合适的夹具进行按钮灯的装配。

3) 转盘顺时针旋转 180°，视觉系统对转盘上的按钮灯拍照并识别按钮灯颜色，同时在触摸屏上通过图片显示物料信息（颜色、形状），六轴工业机器人根据系统设计要求抓取按钮灯放在成品库相应位置上。

4) 转盘逆时针旋转 180°，重复上述动作。

5) 完成按钮灯的转运、装配和入库后，一个工作流程结束，启动指示灯熄灭，停止指示灯常亮。

注意：

① 机器人示教编程时，运行速度最高不得超过额定转速的 30%。

② 机器人自动运行时，运行速度自行优化。

3. 各模块编程及调试要求

1) 四轴 SCARA 机器人程序编写及位置示教。

① 设置通信地址：192.168.1.31。

② 站类型：MODBUS – TCP 从站。

注：四轴 SCARA 机器人编程需要登录管理模式，密码为 000000（六个 0）。

2) 六轴工业机器人程序编写及位置示教。

① 通信地址已设置：192.168.1.32。

② 站类型：MODBUS – TCP 从站。

注：六轴工业机器人通过示教器设置参数时，需通过系统信息中的用户权限选择出厂设置，密码为 999999（六个 9）。

3) 完成伺服驱动器的参数配置。伺服电动机与转盘之间的减速机的减速比为 1:50。伺服驱动器参数已恢复为出厂设置，根据任务要求修改相应的参数，完成控制要求，并与 PLC 进行 CANLink 通信。

任务要求：

① 设置 CANLink 地址为 6。

② 站类型：CANLink 从站。

4) 触摸屏程序的编写与调试。根据任务要求完成触摸屏程序的编写，触摸屏包含三个画面，分别为开机画面、主操作画面和转盘操作画面，能够完成不同页面的切换，至少包含启动按钮、停止按钮、复位按钮、急停按钮的全部功能，实时显示转盘角度，在线修改转盘速度，在线修改加、减速时间，能准确到达 0° 位置和 180° 位置，实现转盘顺时针点动和逆时针点动（点动是指按下对应按钮后，转盘保持对应方向的旋转，松开按钮时停止旋转）。能使伺服去使能，并设定当前位置为 0° 位置，能通过图片显示物料信息（颜色、形状）。

任务要求：

① 通信方式为 MODBUS – TCP。

② 要求伺服电动机速度调节范围为 0 ~ 800r/min。

5) PLC 程序的编写与调试。根据任务描述完成 PLC 控制程序的编写与调试，协调机器人、环形装配检测机构工作，完成多品种按钮灯的转运、装配及入库。

任务要求：

① 完成 PLC 与四轴 SCARA 机器人、六轴工业机器人通信程序的编写，要求采用 MOD-

BUS-TCP 通信。

② 完成 PLC 和伺服驱动器通信程序的编写，要求采用 CANLink 通信。

③ 按照手动和自动控制模式的工作流程编写 PLC 控制程序。

④ 设置通信地址：192.168.1.36。

⑤ 站类型：MODBUS-TCP 主站。

4. 手动控制模式流程（将操作面板上"手动/自动"旋钮切换至手动状态）

1）可使用示教器手动连续控制四轴 SCARA 机器人将物料从原料库搬运至环形装配检测机构指定位置。

2）在触摸屏上可设置转盘旋转速度、点动控制，并且实时显示转盘当前位置的角度值。

3）可使用示教器手动连续控制六轴工业机器人将按钮灯搬运到成品库指定位置。

4）通过触摸屏按钮控制伺服电动机旋转（方向、角度、速度、位置清零、去使能）和视觉系统拍照，并且能在触摸屏上显示转盘的实时角度和视觉系统颜色检测结果（文字显示）。

5. 自动控制模式工作流程（将操作面板上"手动/自动"旋钮切换至自动状态）

1）按下急停按钮，所有信号均停止输出，松开急停按钮，复位指示灯以 1Hz 频率闪烁。

2）使用示教器分别启动四轴 SCARA 机器人和六轴工业机器人，并使机器人回 Home 点。

3）按下复位按钮，复位指示灯常亮，转盘回 0° 位置，复位指示灯熄灭，启动指示灯以 1Hz 频率闪烁。

4）按下启动按钮后，启动指示灯常亮，启动四轴 SCARA 机器人抓取按钮灯组件，放到转盘物料存储区，并根据任务书要求选择合适的夹具进行按钮灯的组装。

5）转盘顺时针旋转 180°，进入六轴工业机器人搬运区，视觉系统对转盘上的物料拍照并识别物料颜色，同时在触摸屏上通过图片显示物料信息（颜色、形状），六轴工业机器人根据系统设计要求抓取按钮灯放在成品库相应位置上，同时四轴 SCARA 机器人进行按钮灯组件的转运和装配。

6）按钮灯入库和组装完成，转盘逆时针旋转 180°，往复第 4~5 步，直至按钮灯全部入库，此时，启动指示灯熄灭，停止指示灯常亮。

7）工作过程中按下急停按钮，所有设备均停止工作。

6. 工作效率及工作质量

根据任务描述完成相应转运、装配和入库功能，通过优化程序流程及运行速度提高工作效率和质量。

任务要求（全部在自动状态下完成）：

① 能够将按钮灯转运到成品库指定位置。

② 设备运转稳定，无卡顿和中途停机情况。

③ 无损坏工件情况。

④ 设备最终运行速度自行优化。

项目六

工业机器人系统综合编程与调试（Ⅱ）
——七巧板自动分拣与拼接

一、学习目标

1. 能够熟练完成电气线路的测试与故障检测。
2. 能够熟练完成四轴 SCARA 机器和六轴工业机器人的操作与调试。
3. 能够熟练完成六轴工业机器人离线编程并导入机器人，完成机器人编程示教。
4. 能够熟练完成视觉系统的编程与调试。
5. 能够熟练完成环形装配检测转盘的编程与调试。
6. 能够熟练完成 PLC 与各设备间的通信。
7. 能够熟练完成 PLC 的编程及调试。
8. 优化机器人运行轨迹、培养高效节能意识。

二、工作任务

（一）任务描述

某公司新购一套多品种物料转运码垛智能工作站，用于完成图 6-1 所示七巧板的分拣与拼接。动作流程为：四轴 SCARA 机器人从原料库中抓取对应大小的两种不同颜色的三角形和正方形七巧板，并将七巧板放置在环形装配检测机构的固定位置；然后环形装配检测机构旋转 180°，到达六轴工业机器人的下料工位，六轴工业机器人通过视觉相机检测并判断七巧板颜色；检测完毕，六轴工业机器人根据视觉相机的检测数据对七巧板进行分类，然后将七巧板搬入图 6-1b 指定位置。现对设备功能介绍如下。

1. 手动模式

1）通过示教器控制四轴 SCARA 机器人自动完成多品种物料的转运操作。

2）通过示教器控制六轴工业机器人自动完成规定尺寸的图形绘制和物料转运码垛。

3）通过触摸屏按钮控制伺服电动机旋转（方向、角度、速度、位置清零、去使能）和视觉系统拍照，并且能在触摸屏上显示转盘的实时角度和视觉系统对颜色检测的结果（文字显示）。

2. 自动模式

1）按下急停按钮，所有信号均停止输出，松开急停按钮，复位指示灯以 1Hz 频率闪烁，按下复位按钮，复位指示灯常亮，使用示教器起动两个机器人并回安全点，夹具松开，转盘回 0°位置，复位指示灯熄灭，起动指示灯以 1Hz 频率闪烁。

2）按下起动按钮后，起动指示灯常亮，起动四轴 SCARA 机器人完成物料转运操作。同时六轴工业机器人根据任务书要求选择合适的夹具在绘图板上绘制预定的图形。

3）转盘顺时针旋转 180°，六轴工业机器人完成规定图形绘制后，选择合适的夹具抓取物料放到指定位置，回到安全点等待物料搬运信号。

4）视觉系统对转盘上的物料拍照并识别物料颜色，同时在触摸屏上通过图片显示物料信息（颜色、形状），六轴工业机器人根据系统设计要求抓取物料放在图纸相应位置上。

5）转盘逆时针旋转 180°，重复上述动作。

6）完成 4 个物料的转运码垛后，一个工作流程结束，起动指示灯熄灭，停止指示灯常亮。

a）原料库中待上料的七巧板

b）七巧板拼接图

图 6-1　任务描述

（二）技术要求

1. 编程调试及运行前的准备

1）将物料按照图 6-2 所示位置摆放到料盘内（颜色随机）。

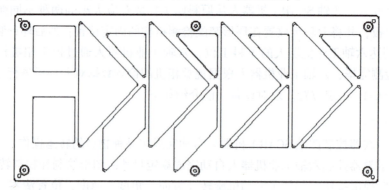

图 6-2　料盘物料布局

2）将环形装配检测机构的工件清空，将绘图板更换上新的 B4 纸张。

3）四轴 SCARA 机器人和六轴工业机器人各轴均位于安全位置。

2. 各模块编程及调试要求

（1）四轴 SCARA 机器人程序编写与位置示教

1）设置通信地址：192.168.1.51。

2）站类型：MODBUS – TCP 从站。

注：四轴 SCARA 机器人编程需要登录管理模式，密码为 000000（六个0）。

（2）六轴工业机器人程序编写及位置示教

1）通信地址已设置：192.168.1.52。

2）站类型：MODBUS – TCP 从站。

注：六轴工业机器人通过示教器设置参数时，需通过系统信息中的用户权限选择出厂设置，密码为 999999（六个9）。

（3）伺服驱动器参数配置

伺服电动机与转盘之间的减速机的减速比为 1:50。

伺服驱动器参数已恢复为出厂设置，根据任务要求修改相应的参数，完成控制要求，并与 PLC 进行 CANLink 通信。

要求：

1）设置 CANLink 地址为 9。

2）站类型：CANLink 从站。

（4）触摸屏程序编写与调试

根据任务要求完成触摸屏程序的编写，触摸屏包含三个画面，分别为开机画面、主操作画面和转盘操作画面，分别如图 6-3 ~ 图 6-5 所示。触摸屏能够完成不同画面的切换，至少包含启动按钮、停止按钮、复位按钮、急停按钮的全部功能，实时显示转盘角度，在线修改转盘速度，在线修改加/减速时间，能准确到达 0°和 180°位置，实现转盘顺时针点动和逆时针点动（点动是指按下对应按钮后，转盘保持对应方向的旋转；松开按钮时，停止旋转）。能使伺服去使能，并设定当前位置为 0°位置，能通过图片显示物料信息（颜色、形状）。

图 6-3　触摸屏开机画面

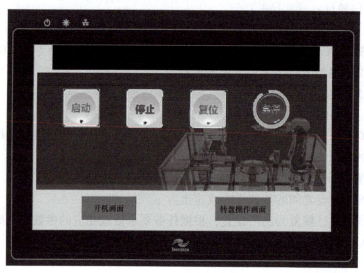

图 6-4　触摸屏主操作画面

图 6-5　触摸屏转盘操作画面

要求：
1）通信方式为 MODBUS – TCP。
2）伺服电动机速度调节范围为 0~800r/min。
（5）PLC 程序编写与调试

根据任务描述完成 PLC 控制程序的编写与调试，协调机器人、环形装配检测机构工作，完成多品种物料的转运码垛。

要求：

1）完成 PLC 与四轴 SCARA 机器人、六轴工业机器人通信程序的编写，要求采用 MODBUS – TCP 通信。

2）完成 PLC 与伺服驱动器通信程序的编写，要求采用 CANLink 通信。

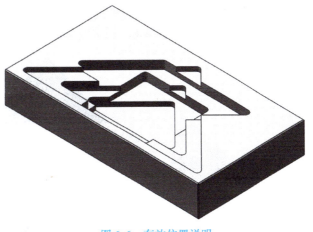

图 6-6　存放位置说明

3）按照手动和自动控制模式的工作流程编写 PLC 控制程序。

4）设置通信地址：192.168.1.56。

5）站类型：MODBUS – TCP 主站。

3. 手动控制模式工作流程（将操作面板上"手动/自动"旋钮切换至手动状态）

1）可使用示教器手动连续控制四轴 SCARA 机器人将物料从料盘搬运至环形装配检测机构的指定位置（存放位置说明如图 6-6 所示）。

2）在触摸屏上可设置转盘旋转速度、点动控制，并且实时显示转盘当前位置的角度值（0°位置，如图 6-7 所示）。

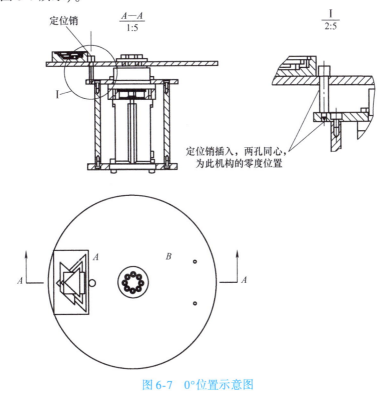

图 6-7　0°位置示意图

3）在手动控制模式下，通过离线编程，使用示教器控制六轴工业机器人按照预定图纸完成指定图形的绘制（见图6-8，预定图形的DXF文件自行制作）。

图6-8　绘制图形说明图

4）可使用示教器手动连续控制机器人将物料转运码垛到指定位置。

5）通过触摸屏按钮控制伺服电动机旋转（方向、角度、速度、位置清零、去使能）和视觉系统拍照，并且能在触摸屏上显示转盘的实时角度和视觉系统对颜色检测的结果（文字显示）。

4. 自动控制模式工作流程（将操作面板上"手动/自动"旋钮切换至自动状态）

1）按下急停按钮，所有信号均停止输出，松开急停按钮，复位指示灯以1Hz频率闪烁。

2）使用示教器分别起动四轴SCARA机器人和六轴工业机器人，并使机器人回Home点。

3）按下复位按钮，复位指示灯常亮，转盘回0°位置，复位指示灯熄灭，起动指示灯以1Hz频率闪烁。

4）按下起动按钮后，起动指示灯常亮，起动四轴SCARA机器人抓取物料，放到转盘物料存储区；同时，六轴工业机器人根据任务书要求选择合适的夹具在绘图板上绘制预定的图形。

5）转盘顺时针旋转180°，A位置进入六轴工业机器人搬运区，六轴工业机器人完成规定图形绘制后，选择合适的夹具回到安全点等待物料搬运信号。

6）视觉系统对转运盘上的物料拍照并识别物料颜色，同时在触摸屏上通过图片显示物料信息（颜色、形状），六轴工业机器人根据系统设计要求抓取物料放并在图纸相应位置上。

7）A位置物料转运码垛完成，转盘逆时针旋转180°，A位置进入四轴SCARA机器人操作区，四轴SCARA机器人在A位置进行转运操作（在料盘有料的前提下）。

8）往复第5～第7步，直至4个物料全部转运码垛完成，完成后，起动指示灯熄灭，停止指示灯常亮。

9）工作过程中按下急停按钮，所有设备均停止工作。

5. 工作效率及工作质量

根据任务描述完成相应转运码垛功能，通过优化程序流程及运行速度提高工作效率和质量。

要求（全部在自动模式下完成）：
1）能够将物料转运码垛到指定位置。
2）设备运转稳定，无卡顿和中途停机情况。
3）无损坏工件的情况。
4）自行优化设备最终运行速度。

（三）所需设备

四轴 SCARA 机器人系统、环形装配检测机构、原料库、画板、六轴工业机器人系统、视觉系统等组成的工业机器人实训系统如图 6-9 所示。

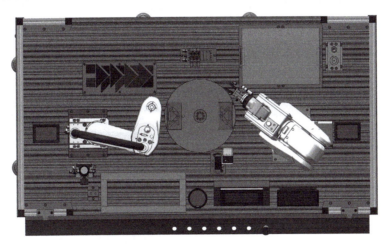

图 6-9　工业机器人实训系统俯视图

三、知识储备

（一）虚拟仿真系统概述

软件支持图 6-9 所示的实训系统四轴 SCARA 机器人和六轴工业机器人的离线编程，通过鼠标单击添加机器人指令，省去了记忆指令，编写完成后可直接下载到对应的机器人控制器中。

（二）虚拟仿真软件的使用

1. DLsoft–Vsim 虚拟仿真实训系统

DLsoft–Vsim 虚拟仿真实训系统如图 6-10 所示，系统分为三个模块：部件装配、示教仿真和离线编程。

图 6-10　DLsoft-Vsim 虚拟仿真实训系统

2. 四轴 SCARA 机器人离线编程（见图 6-11）

图 6-11　四轴 SCARA 机器人编程界面

如图 6-11 所示，图中右侧是指令列表，单击相应指令即可自动添加到左侧编程区域。在这个界面可以新建、打开、保存、另存和下载程序，单击"关闭"按钮可以返回主界面。下载程序之前需要设置四轴 SCARA 机器人的 IP。单击"修改 IP"按钮即可输入 IP 地址，然后保存。详细指令信息请单击"帮助"按钮查看。

3. 六轴工业机器人离线编程（见图 6-12）

同四轴 SCARA 机器人编程界面一样，右侧是指令列表，单击相应指令即可自动添加到左侧编程区域。在这个界面可以新建、打开、保存、另存和下载程序，单击"关闭"按钮可以返回主界面。下载程序之前需要设置六轴工业机器人的 IP。单击"修改 IP"按钮即可输入 IP 地址，然后保存。

项目六　工业机器人系统综合编程与调试（Ⅱ）——七巧板自动分拣与拼接

图6-12　六轴编程界面

4. 六轴工业机器人轨迹编辑

单击工具栏上的"轨迹编辑"按钮即可打开图6-13所示的轨迹编辑界面。该软件界面由环境中模型编辑工具条、视觉及显示变换工具条、环境模型资源树、3D用户操作区、打磨及喷涂操作工具条组成。

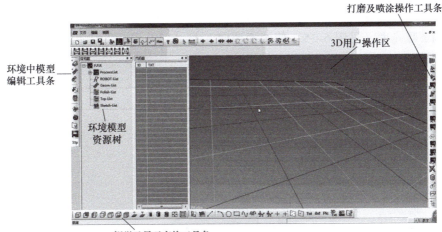

图6-13　轨迹编辑界面介绍

四、实践操作

（一）伺服参数设置

根据工作任务要求可知，转盘有正转和反转控制要求，因此伺服参数所需要设置的参数见表6-1。

表 6-1 伺服参数设置

功能码编号	功能码名称	当前值	出厂值	说明（当前值）
H00-00	电动机编号	14101	14000	电动机编号
H03-10	DI5 端子功能选择	0	1	DI5 功能为"伺服使能信号"
H05-00	主位置指令来源	2	0	多段位置指令给定
H05-02	电动机每旋转 1 圈的位置指令数	10000	0	电动机每旋转 1 圈的位置指令数，设定范围为 0~1048576
H0C-00	驱动器轴地址	2	1	设置伺服轴地址
H0C-09	通信 VDI	1	0	使能 VDI
H0C-11	通信 VDO	1	0	通信 VDO
H11-04	位移指令类型选择	1	0	绝对位移指令
H17-00	VDI1 端子功能选择	1	0	VDI1 功能为"伺服使能"
H17-02	VDI2 端子功能选择	28	0	VDI2 功能为"伺服使能"

（二）相机编程

1）打开软件并新建作业（见图 6-14）。

2）调节曝光度（见图 6-15）使画面明暗度适中，以便于拍照识别。

3）将识别框（见图 6-16）移至采集区域。

图 6-14 作业新建

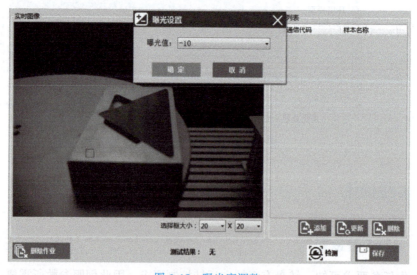

图 6-15 曝光度调整

4）单击"添加"按钮并标定名称，添加两个空的颜色样本，如图6-17所示。

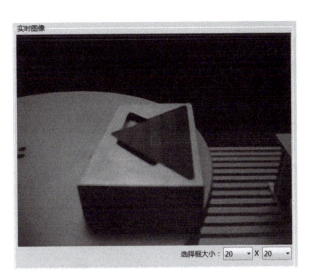

图6-16 调整识别框

图6-17 添加颜色样本

5）单击"更新"按钮采集当前七巧板颜色，采集完后更换七巧板颜色，共两次，分别存储到"黑"和"红"样本名称中，如图6-18所示。

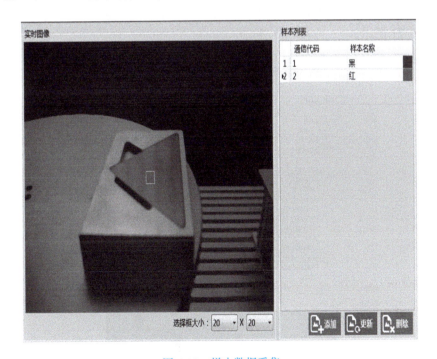

图6-18 样本数据采集

6）保存已设定好的作业（见图6-19）。

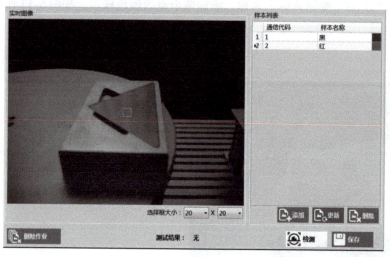

图 6-19 保存作业

（三）轨迹编辑编程

1. 添加机器人

1）在图 6-13 轨迹编辑界面单击添加机器人，如图 6-20 所示。

2）单击机器人型号"ER3A"，并单击"OK"按钮即可添加完成，如图 6-21 所示。

图 6-20 添加机器人界面

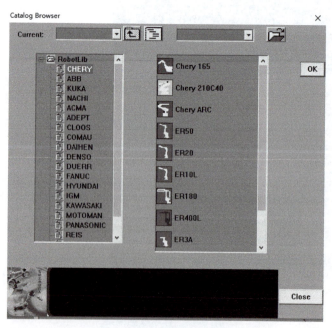

图 6-21 选择机器人界面

2. 添加画板并建立草图平面

1) 选择添加零件模型（见图6-22）。

2) 单击图6-23中"打开模型"按钮，选择设计所用到的画板，填写好画板的相对位置。

3) 单击已添加摆放台，显示高亮如图6-24所示，单击"创建草图"按钮，如图6-25所示，并单击"三点平面"按钮，如图6-26进行创建。

图6-22 添加零件模型界面

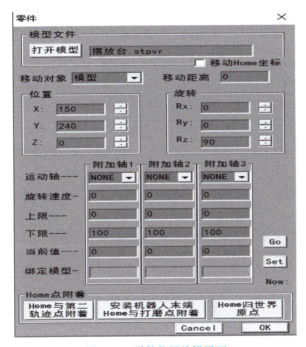

图6-23 零件位置编辑界面

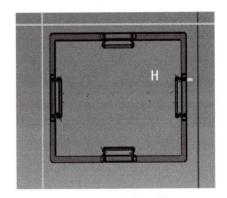

图6-24 高亮显示

图6-25 创建草图

图6-26 三点平面

3. 添加画图工具并建立TCP

1) 按照摆放台的添加方法添加画笔（见图6-27）。

2) 单击"创建TCP点"按钮，如图6-28所示，并在画笔任意位置创建一个TCP点，如图6-29所示。

3) 单击修改控件 修改正确的TCP点，单击设置TCP点，如图6-30所示。

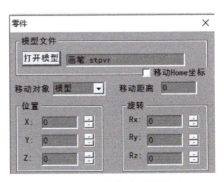

图6-27 画笔位姿编辑界面

图 6-28 选择 TCP 界面

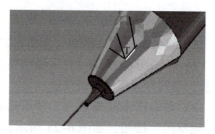

图 6-29 TCP 创建界面

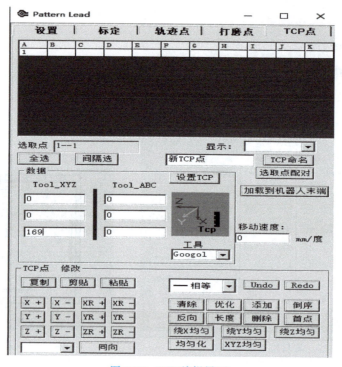

图 6-30 TCP 编辑界面

4）装载工具（见图 6-31）。

4. 调用 CAD 画好的图样

1）单击"dxf"添加控件（见图 6-32）。

图 6-32 dxf 添加控件

2）设计所需要的图样并勾选创建轨迹点最终界面（见图 6-33）。

5. 轨迹生成

1）单击 进入轨迹点编辑，单击"全选"→"反向"所有轨迹点，如图 6-34 所示。

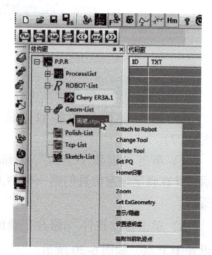

图 6-31 工具装卸界面

项目六　工业机器人系统综合编程与调试（Ⅱ）——七巧板自动分拣与拼接

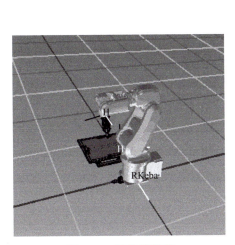

图 6-33　最终效果图

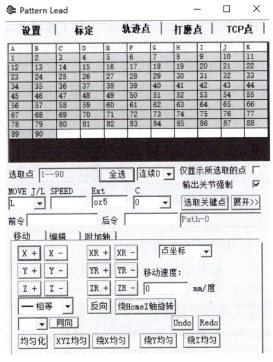

图 6-34　轨迹点编辑界面

2）单击"展开"按钮，并单击"新建 P"按钮在编号前的方框中找"√"，如图 6-35 所示。

3）单击"输出机器人程序"，如图 6-36 所示。

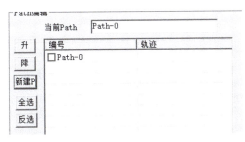

图 6-35　程序创建界面

图 6-36　程序输出控件

（四）PLC 编程

1. PLC 模块通信设置

（1）PLC IP 地址设置

在 PLC 软键界面（见图 6-37）双击 1 处"以太网"，在弹出界面 2 处"自定义"前打"√"，将 3 处修改为给定 IP，利用 USB 下载到 PLC 中。

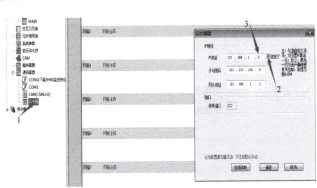

图 6-37　PLC IP 地址设置

（2）MODBUS－TCP 通信配置编写

PLC 与四轴 SCARA 机器人、六轴工业机器人、视觉系统之间的通信配置均采用 MODBUS－TCP 通信。首先，右击“以太网”添加设备（见图 6-38），然后双击设备即可进入 MODBUS－TCP 配置界面，如图 6-39 所示。

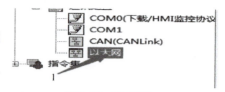

图 6-38　以太网

ModbusTcp配置

编号	设备名称	从站IP地址	通讯方式	功能	触发条件	从站寄存器地址(H)	数据长度	主站缓冲区地址	端口号	站号	协议
1	scara	192.168.1.11	循环	写寄存器		8000	4	D200	502	255	MODBUS DCP
2	scara	192.168.1.11	循环	读寄存器		C350	1	D250	502	255	MODBUS DCP
3	六轴	192.168.1.12	循环	写寄存器		00	8	D300	502	1	MODBUS DCP
4	六轴	192.168.1.12	循环	读寄存器		20	8	D350	502	1	MODBUS DCP
5	视觉	192.168.1.13	循环	写寄存器		108	1	D500	502	255	MODBUS DCP
6	视觉	192.168.1.13	循环	读寄存器		1112	1	D550	502	255	ModBus TCP

新增　插入　删除

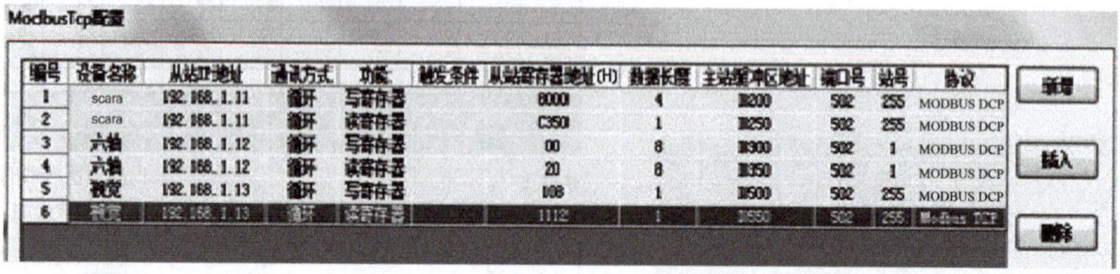

图 6-39　PLC MODBUS－TCP 通信

（3）伺服通信配置编写

PLC 与伺服之间采用 CANLink 通信。

右击“CAN”添加设备，然后双击设备即可进从站设置界面，如图 6-40 所示，最后根据界面上伺服的从站地址添加从站号，如图 6-41 所示。

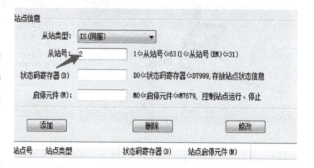

图 6-40　从站地址显示

2. PLC 程序流程图绘制

主控指的是对整个系统的控制，它需要调用四轴 SCARA 机器人、六轴工业机器人、视觉系统等各个部分让它们协调合作、高效有序地完成任务。编写程序的控制流程图，是编程的第一步，如图 6-42 所示。

配置　接收配置　同步写

编号	触发方式	触发条件	发送站		发送寄存器		接收站		接收寄存器		寄存器个数
1	时间(ms)	10	63	HOST(H3U)	400	十进制	2	IS(伺服)	110C	十六进制	4
2	时间(ms)	10	63	HOST(H3U)	404	十进制	2	IS(伺服)	3100	十六进制	1
3	时间(ms)	10	63	HOST(H3U)	420	十进制	2	IS(伺服)	51E	十六进制	1
4			63	HOST(H3U)		十进制					
5			63	HOST(H3U)		十进制					
6			63	HOST(H3U)		十进制					
7			63	HOST(H3U)		十进制					
8			63	HOST(H3U)		十进制					
9			63	HOST(H3U)		十进制					
10			63	HOST(H3U)		十进制					
11			63	HOST(H3U)		十进制					
12			63	HOST(H3U)		十进制					
13			63	HOST(H3U)		十进制					
14			63	HOST(H3U)		十进制					
15			63	HOST(H3U)		十进制					
16			63	HOST(H3U)		十进制					
[illegible]	—	—	—	—	—	—	—	—	—	—	—
1	时间(ms)	10	2	IS(伺服)	B3A	十六进制	63	HOST(H3U)	450	十进制	2
2	时间(ms)	10	2	IS(伺服)	3001	十六进制	63	HOST(H3U)	452	十进制	1

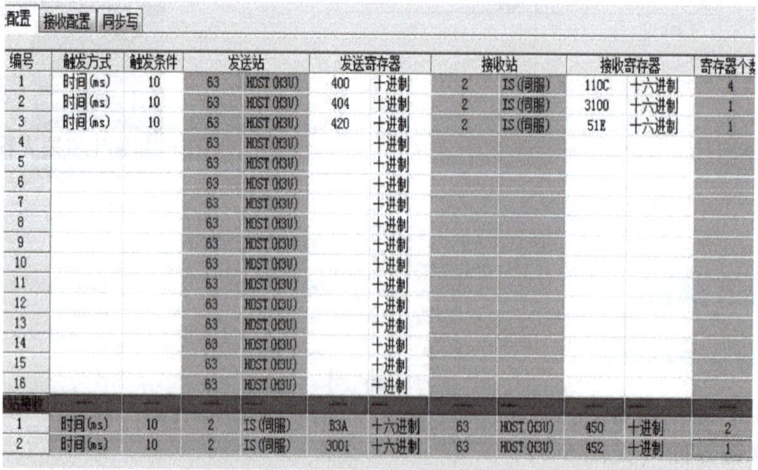

图 6-41　PLC CANLink 通信

3. 根据 PLC 流程图编写程序

根据 PLC 流程图及其设备运行要求，可以将 PLC 分为按钮启动流程、触摸屏协助控制、

项目六 工业机器人系统综合编程与调试（Ⅱ）——七巧板自动分拣与拼接

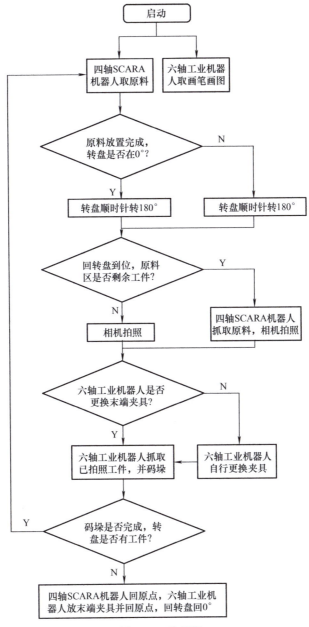

图 6-42 流程图

设备运行流程三个子程序块和一个调用程序的主程序。

（1）主程序

根据上面所述，主程序主要用于调用子程序，同时电动机运行时需要给定转盘初始转速及加速时间。主程序编写如图 6-43 所示。

（2）按钮启动流程

根据设计运行要求已知，按下急停按钮，所有信号均停止输出；松开急停按钮，复位指示灯以 1Hz 频率闪烁；按下复位按钮，复位指示灯常亮，转盘回原点，夹具松开；待机器人回原点后，复位指示灯熄灭，运行指示灯以 1Hz 频率闪烁。按下启动按钮，设备按流程

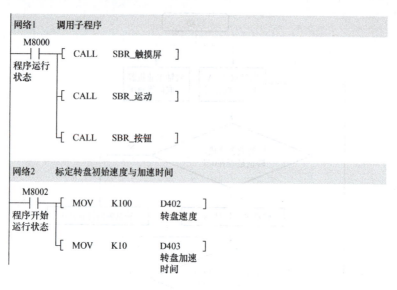

图 6-43 主程序

图所描述运行。其中，还含有停止、伺服启动等一系列备用操作，如图 6-44 ~ 图 6-48 所示。

1）因为外部接线为急停反接，所以为取消急停信号编程，如图 6-44 所示。

2）其次，根据上方列出的按钮控制要求按如图 6-45 ~ 图 6-48 进行编程。

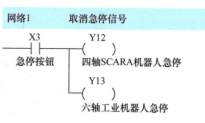

图 6-44 取消急停程序

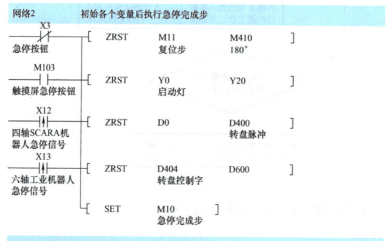

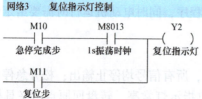

图 6-45 急停按钮处理程序

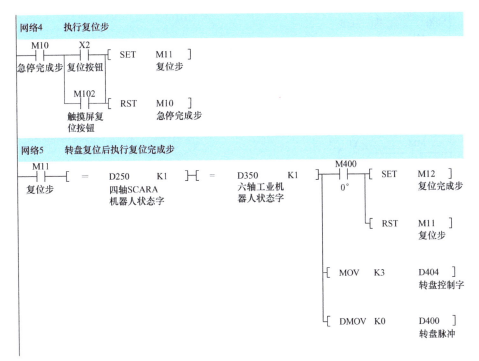

图 6-46　复位按钮处理程序

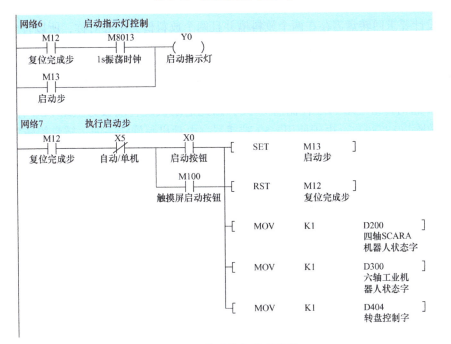

图 6-47　启动按钮处理程序

4. 触摸屏协助控制

根据设计运行要求,已知触摸屏上需有控制转盘正、反转,电动机清零,转盘回 0°和 180°位置,相机拍照等一系列功能,程序编制如图 6-49~图 6-51 所示。

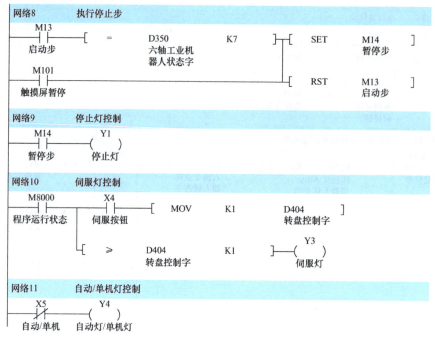

图 6-48 其余状态处理程序

（1）判读角度

由于设计要求回转盘需存在两个放料槽并且两个放料槽为中心对称，所以首先需要进行电动机角度的计算和判断，以便后续运行正确。而伺服驱动器程序编制的关键在于伺服脉冲的计算，电动机每旋转一圈，编码器就会产生 8388608 个脉冲，电动机每旋转一圈，编码器就会产生 8388608 个脉冲，从站伺服驱动器中 B3A 寄存器记录旋转脉冲个数，并将数据通过 CANLink 通信传给主站 PLC 存储器 D450，因此电动机旋转圈数为主站 PLC 存储器 D450 中脉冲个数除以 8388608。由于使用 1:50 减速器，电动机每旋转一圈，转盘旋转 7.2°，电动机圈数乘以 7.2，即为转盘旋转角度，如图 6-49 所示。

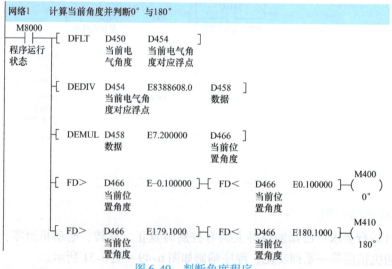

图 6-49 判断角度程序

(2) 触摸屏按钮控制

触摸屏按钮控制多以布尔型按钮接通传输数据，编程如图 6-50 和图 6-51 所示。

图 6-50　电动机正、反转程序

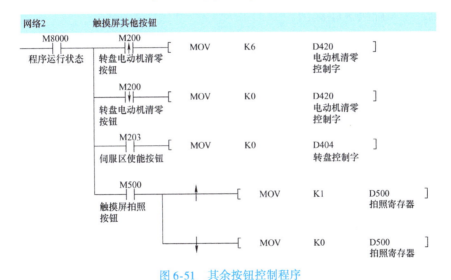

图 6-51　其余按钮控制程序

注意：转盘控制字 K1 代表电动机待机，K3 代表电动机运行，电动机清零控制字 K6 代表清零，K0 代表取消清零，拍照寄存器 K1 代表拍照，K0 代表停止拍照。

5. 设备运行流程

根据 PLC 流程图所描述，按下启动按钮 SB1，设备应按照以下动作运行：四轴 SCARA 机器人抓取七巧板放入环形装配检测机构 0°位置模具内，且六轴工业机器人抓取画笔进行画图，以便后续码垛→四轴 SCARA 机器人放置完成→转盘旋转到 180°位置→到达位置后进行拍照，同时四轴 SCARA 机器人在转盘 180°位置进行上料（抓取七巧板放入环形装配检测装置 180°位置夹具内）→若六轴工业机器人绘图完成则进行转运码垛→若码垛完成仍有工件则重复动作直至物料转运码垛完成，编程如图 6-52~图 6-54 所示。

(1) 四轴 SCARA 机器人控制流程

四轴 SCARA 机器人控制流程程序如图 6-52 所示。

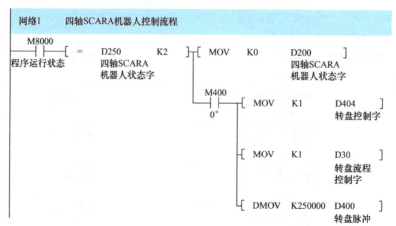

图 6-52　四轴 SCARA 机器人控制流程程序

(2) 六轴工业机器人控制流程

六轴工业机器人控制流程程序如图 6-53 所示。

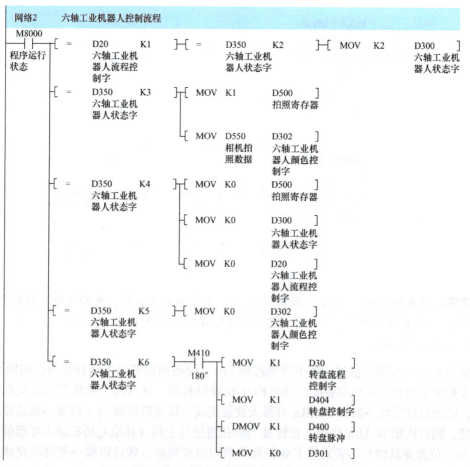

图 6-53　六轴工业机器人控制流程程序

注意： 六轴工业机器人状态字 K2 表示等待抓取物料，K3 表示吸取物料前拍照并判断颜色，K4 表示开始抓取，K5 表示开始码垛，K6 表示码垛完成。

（3）转盘控制流程

转盘控制流程程序如图 6-54 所示。

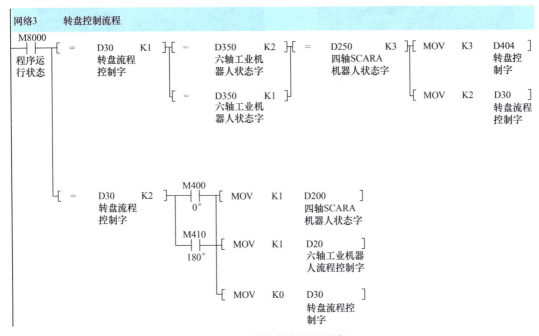

图 6-54　转盘控制流程程序

（五）工业机器人离线编程与示教

1. 机器人程序轨迹规划

设计轨迹的主要目的在于提高设备的工作效率，以便更高效地完成任务要求，所以轨迹规划是一个必不可少的步骤。

（1）四轴 SCARA 机器人轨迹规划

由于四轴 SCARA 机器人有着独特的运动指令"门指令"，所以在轨迹规划时只需示教两个点：一个起始点，一个目标点。在之前设计要求中机器人抓取 14 个七巧板并且需要有一个安全点，所以整套设计所需要的点有 29 个坐标。这里只演示了其中抓取一个七巧板的轨迹规划，如图 6-55 ~ 图 6-57 所示，其余的点与之类似。

图 6-55　安全原点 P0

图 6-56　抓取点 P1

图 6-57　放置点 P21

(2) 六轴工业机器人入库轨迹规划

由于六轴工业机器人并没有独特的运动指令"门指令",所以在轨迹规划时需示教 4 个点:一个抓取前安全点,一个抓取点,一个放置前安全点,一个放置点。这里要注意的是,只有 4 个点但有 6 个运动动作,其轨迹流程为抓取前安全点→抓取点→返回抓取前安全点→放置前安全点→放置点→放置前安全点。同样,在之前设计要求中机器人放置 14 个七巧板并且需要有一个安全点,所以整套设计中入库所需要的点有 39 个坐标(由于抓取转盘同种类型的点是固定的且七巧板共有 5 个类型,所以抓取点需要 10 个,放置点需要 28 个)。这里只演示了其中抓取一个七巧板的轨迹规划(**注**:其中抓住后回抓取前安全点的状态本设计中没有体现)如图 6-58 ~ 图 6-61 所示,其余的点与之类似。

图 6-58　抓取前安全点 P10

图 6-59　抓取点 P11

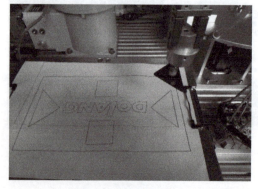
图 6-60　放置前安全点

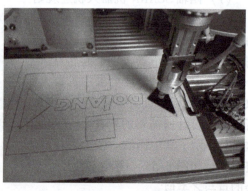
图 6-61　放置点

(3) 六轴工业机器人搬运轨迹规划

根据设计方案要求六轴工业机器人第一次抓取前需用画笔绘制出七巧板的码垛图形，绘制完成后更换工具抓取七巧板，所以还需要进行更换工具的轨迹规划。与抓取七巧板类似，抓取画笔或吸盘工具均需两个点：一个抓取前安全点，一个抓取点。更换时，画笔或吸盘工具放置点与抓取点相同，故不重复示教。图6-62和图6-63所示为抓取画笔的轨迹流程，更换与抓取吸盘工具不再描述。

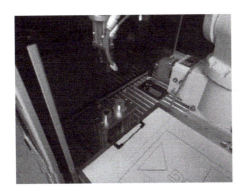

图6-62 画笔抓取前安全点P2

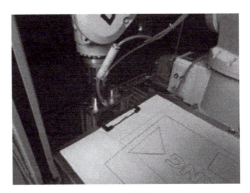

图6-63 画笔抓取点P3

2. 机器人运动流程图的绘制

四轴SCARA机器人运动流程如图6-64所示，六轴工业机器人运动流程如图6-65所示。

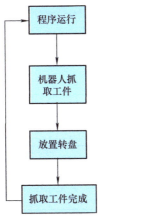

图6-64 四轴SCARA机器人运动流程

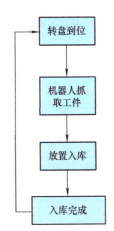

图6-65 六轴工业机器人运动流程

（六）工业机器人IP设置

1. 四轴SCARA机器人IP设置

在示教器触摸屏上单击软键"设置"→"系统设置"→"客服端"，如图6-66所示，按照图6-66设置"动态IP开关"为：192.168.1.11，单击软键"保存"，重启即可。

2. 六轴工业机器人IP设置

同时按住"上档+联锁+清除"按键进入主界面，单击"start"→"programs"→

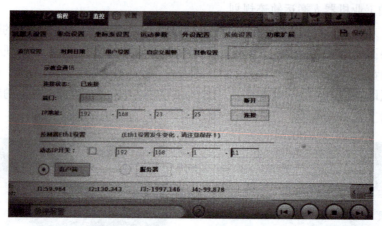

图 6-66　四轴 SCARA 机器人 IP 设置

"windows explore"→"hard disk",打开 IP 文档,如图 6-67 所示,修改 IP 地址,单击"保存",重启即可。

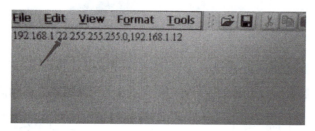

图 6-67　六轴工业机器人 IP 设置

(七) 机器人程序的编写

1. 四轴 SCARA 机器人程序（见表 6-2）

表 6-2　四轴 SCARA 机器人程序

程　　序	注　　释
START;	
Set Out [3], OFF;	吸盘放气
B1 = 1;	抓取变量
B2 = 21;	放置变量
R2 = 0;	状态字
Jump P [0], V [30], Z [0], User [1], Tool [1], LH [20], MH [0], RH [20];	运行到安全点
R2 = 1;	状态字
For B3 = 0, B3 < 7, Step [1]	For 循环 7 次,每执行 1 次变量 B3 自加 1
While R224 < > 1	当控制字为 1 时,跳出 While 循环
EndWhile;	

(续)

程　　序	注　　释
For B4 = 0, B4 < 2, Step [1]	For 循环两次，每执行 1 次变量 B4 自加 1
Jump P [B1], V [30], Z [0], User [1], Tool [1], LH [20], MH [0], RH [20];	抓取当前变量 B1 对应的点
Set Out [3], ON;	吸盘吸气
Jump P [B2], V [30], Z [0], User [1], Tool [1], LH [20], MH [0], RH [20];	放置当前变量 B2 对应的点
Set Out [3], OFF;	吸盘放气
Incr B1;	变量 B1 自加 1
Incr B2;	变量 B2 自加 1
Jump P [0], V [30], Z [0], User [1], Tool [1], LH [20], MH [0], RH [20];	运行到安全点
R2 = 2;	状态字
R2 = 4;	状态字
EndFor;	
R2 = 3;	状态字
EndFor;	
END;	

2. 六轴工业机器人程序（见表 6-3 ~ 表 6-8）

表 6-3　主程序

程　　序	注　　释
DOUT, DO = 0.5, VALUE = 0;	气爪松开
DOUT, DO = 0.4, VALUE = 0;	吸盘吸气
SET, I = 33, VALUE = 0;	状态字
SET, I = 35, VALUE = 0;	小三角形自加变量 1
SET, I = 36, VALUE = 0;	小三角形自加变量 2
SET, I = 37, VALUE = 0;	大三角形自加变量 1
SET, I = 38, VALUE = 0;	大三角形自加变量 2
SET, I = 40, VALUE = 0;	记录执行次数变量 2
MOVL, P = 1, V = 20, BL = 0, VBL = 0, pose = 0;	运行到安全点
SET, I = 33, VALUE = 1;	状态字
WHILE, I = 1, NE, VALUE = 1, DO;	控制字为 1 时，跳出 WHILE 循环
END_WHILE;	
MOVL, P = 2, V = 20, BL = 0, VBL = 0, pose = 0;	运行到画笔抓取安全点
MOVL, P = 3, V = 20, BL = 0, VBL = 0, pose = 0;	运行到画笔抓取点上方

(续)

程　　　序	注　　释
DOUT, DO = 0.5, VALUE = 1;	气爪抓取
MOVL, P = 2, V = 20, BL = 0, VBL = 0, pose = 0;	运行到画笔抓取点上方
MOVL, P = 1, V = 20, BL = 0, VBL = 0, pose = 0;	运行到安全点
CALL, PROG = HUA;	调用画图程序
MOVL, P = 2, V = 20, BL = 0, VBL = 0, pose = 0;	运行到画笔抓取安全点上方
MOVL, P = 3, V = 20, BL = 0, VBL = 0, pose = 0;	运行到画笔抓取点上方
DOUT, DO = 0.5, VALUE = 0;	气爪松开
MOVL, P = 2, V = 20, BL = 0, VBL = 0, pose = 0;	运行到画笔抓取点上方
MOVL, P = 4, V = 20, BL = 0, VBL = 0, pose = 0;	运行到吸盘抓取安全点
MOVL, P = 5, V = 20, BL = 0, VBL = 0, pose = 0;	运行到吸盘抓取点上方
DOUT, DO = 0.5, VALUE = 1;	气爪抓取
MOVL, P = 4, V = 20, BL = 0, VBL = 0, pose = 0;	运行到吸盘抓取点上方
*123;	标定 [123]
INC, I = 40;	执行次数变量2自加1
MOVL, P = 1, V = 20, BL = 0, VBL = 0, pose = 0;	运行到安全点
SET, I = 34, VALUE = 0;	记录执行次数变量1
SET, I = 33, VALUE = 2;	状态字
WHILE, I = 1, NE, VALUE = 2, DO;	控制字为2时，跳出WHILE循环
END_WHILE;	
SET, I = 33, VALUE = 3;	状态字
TIMER, T = 1000ms;	延时1s
WHILE, I = 34, LT, VALUE = 2, DO;	当记录执行次数变量1为2时，跳出WHILE循环
INC, I = 34;	执行次数变量1自加1
IF, I = 2, EQ, VALUE = 1, THEN;	当类型控制字为1时，执行；否则，反之
SET, I = 33, VALUE = 4;	状态字
CALL, PROG = ZF1;	调用抓取1
SET, I = 33, VALUE = 5;	状态字
END_IF;	
IF, I = 2, EQ, VALUE = 2, THEN;	当类型控制字为2时，执行；否则，反之
SET, I = 33, VALUE = 4;	状态字
CALL, PROG = ZF2;	调用抓取2
SET, I = 33, VALUE = 5;	状态字
END_IF;	
IF, I = 2, EQ, VALUE = 3, THEN;	当类型控制字为3时，执行；否则，反之
SET, I = 33, VALUE = 4;	状态字
CALL, PROG = ZF3;	调用抓取3

（续）

程　　序	注　　释
SET, I = 33, VALUE = 5;	状态字
END_IF;	
IF, I = 2, EQ, VALUE = 4, THEN;	当类型控制字为4时，执行；否则，反之
SET, I = 33, VALUE = 4;	状态字
CALL, PROG = ZF4;	调用抓取4
SET, I = 33, VALUE = 5;	状态字
END_IF;	
IF, I = 2, EQ, VALUE = 5, THEN;	当类型控制字为5时，执行；否则，反之
SET, I = 33, VALUE = 4;	状态字
CALL, PROG = ZF5;	调用抓取5
SET, I = 33, VALUE = 5;	状态字
END_IF;	
END_WHILE;	
SET, I = 33, VALUE = 6;	状态字
IF, I = 40, EQ, VALUE = 7, THEN;	当记录执行次数变量2为7时，执行；否则，反之
MOVL, P = 4, V = 20, BL = 0, VBL = 0, pose = 0;	运行到吸盘抓取安全点
MOVL, P = 5, V = 20, BL = 0, VBL = 0, pose = 0;	运行到吸盘抓取点上方
DOUT, DO = 0.5, VALUE = 0;	气爪松开
MOVL, P = 4, V = 20, BL = 0, VBL = 0, pose = 0;	运行到吸盘抓取点上方
SET, I = 33, VALUE = 7;	状态字
MOVL, P = 1, V = 20, BL = 0, VBL = 0, pose = 0;	运行到安全点
END_IF;	
JUMP, *123;	123跳转到标定［123］处

表6-4　类型1码垛

程　　序	注　　释
MOVL, P = 10, V = 20, BL = 0, VBL = 0, pose = 0;	运行到类型1抓取安全点
MOVL, P = 11, V = 20, BL = 0, VBL = 0, pose = 0;	运行到类型1抓取点上方
DOUT, DO = 0.4, VALUE = 1;	吸盘吸气
MOVL, P = 10, V = 20, BL = 0, VBL = 0, pose = 0;	运行到类型1抓取点上方
MOVL, P = 1, V = 20, BL = 0, VBL = 0, pose = 0;	运行到安全点
IF, I = 3, EQ, VALUE = 1, THEN;	当颜色控制字为1时，执行；否则，反之
MOVL, P = 12, V = 20, BL = 0, VBL = 0, pose = 0;	运行到颜色对应放置安全点
MOVL, P = 13, V = 20, BL = 0, VBL = 0, pose = 0;	运行到颜色对应放置点上方
DOUT, DO = 0.4, VALUE = 0;	吸盘放气
MOVL, P = 12, V = 20, BL = 0, VBL = 0, pose = 0;	运行到颜色对应放置点上方

(续)

程　　序	注　　释
END_IF;	
IF, I = 3, EQ, VALUE = 2, THEN;	当颜色控制字为2时，执行；否则，反之
MOVL, P = 14, V = 20, BL = 0, VBL = 0, pose = 0;	运行到颜色对应放置安全点
MOVL, P = 15, V = 20, BL = 0, VBL = 0, pose = 0;	运行到颜色对应放置点上方
DOUT, DO = 0.4, VALUE = 0;	吸盘放气
MOVL, P = 14, V = 20, BL = 0, VBL = 0, pose = 0;	运行到颜色对应放置点上方
END_IF	

表 6-5　类型 2 码垛

程　　序	注　　释
MOVL, P = 20, V = 20, BL = 0, VBL = 0, pose = 0;	运行到类型2抓取安全点
MOVL, P = 21, V = 20, BL = 0, VBL = 0, pose = 0;	运行到类型2抓取点上方
DOUT, DO = 0.4, VALUE = 1;	吸盘吸气
MOVL, P = 20, V = 20, BL = 0, VBL = 0, pose = 0;	运行到类型2抓取点上方
MOVL, P = 1, V = 20, BL = 0, VBL = 0, pose = 0;	运行到安全点
IF, I = 3, EQ, VALUE = 1, THEN;	当颜色控制字为1时，执行；否则，反之
MOVL, P = 22, V = 20, BL = 0, VBL = 0, pose = 0;	运行到颜色对应放置安全点
MOVL, P = 23, V = 20, BL = 0, VBL = 0, pose = 0;	运行到颜色对应放置点上方
DOUT, DO = 0.4, VALUE = 0;	吸盘放气
MOVL, P = 22, V = 20, BL = 0, VBL = 0, pose = 0;	运行到颜色对应放置点上方
END_IF;	
IF, I = 3, EQ, VALUE = 2, THEN;	当颜色控制字为2时，执行；否则，反之
MOVL, P = 24, V = 20, BL = 0, VBL = 0, pose = 0;	运行到颜色对应放置安全点
MOVL, P = 25, V = 20, BL = 0, VBL = 0, pose = 0;	运行到颜色对应放置点上方
DOUT, DO = 0.4, VALUE = 0;	吸盘放气
MOVL, P = 24, V = 20, BL = 0, VBL = 0, pose = 0;	运行到颜色对应放置点上方
END_IF;	

表 6-6　类型 3 码垛

程　　序	注　　释
MOVL, P = 30, V = 20, BL = 0, VBL = 0, pose = 0;	运行到类型3抓取安全点
MOVL, P = 31, V = 20, BL = 0, VBL = 0, pose = 0;	运行到类型3抓取点上方
DOUT, DO = 0.4, VALUE = 1;	吸盘吸气
MOVL, P = 30, V = 20, BL = 0, VBL = 0, pose = 0;	运行到类型3抓取点上方
MOVL, P = 1, V = 20, BL = 0, VBL = 0, pose = 0;	运行到安全点
IF, I = 3, EQ, VALUE = 1, THEN;	当颜色控制字为1时，执行；否则，反之

(续)

程　序	注　释
MOVL, P = 32, V = 20, BL = 0, VBL = 0, pose = 0;	运行到颜色对应放置安全点
MOVL, P = 33, V = 20, BL = 0, VBL = 0, pose = 0;	运行到颜色对应放置点上方
DOUT, DO = 0.4, VALUE = 0;	吸盘放气
MOVL, P = 32, V = 20, BL = 0, VBL = 0, pose = 0;	运行到颜色对应放置点上方
END_IF;	
IF, I = 3, EQ, VALUE = 2, THEN;	当颜色控制字为2时，执行；否则，反之
MOVL, P = 34, V = 20, BL = 0, VBL = 0, pose = 0;	运行到颜色对应放置安全点
MOVL, P = 35, V = 20, BL = 0, VBL = 0, pose = 0;	运行到颜色对应放置点上方
DOUT, DO = 0.4, VALUE = 0;	吸盘放气
MOVL, P = 34, V = 20, BL = 0, VBL = 0, pose = 0;	运行到颜色对应放置点上方
END_IF;	

表 6-7　类型 4 码垛

程　序	注　释
MOVL, P = 40, V = 20, BL = 0, VBL = 0, pose = 0;	运行到类型4抓取安全点
MOVL, P = 41, V = 20, BL = 0, VBL = 0, pose = 0;	运行到类型4抓取点上方
DOUT, DO = 0.4, VALUE = 1;	吸盘吸气
MOVL, P = 40, V = 20, BL = 0, VBL = 0, pose = 0;	运行到类型4抓取点上方
MOVL, P = 1, V = 20, BL = 0, VBL = 0, pose = 0;	运行到安全点
IF, I = 3, EQ, VALUE = 1, THEN;	当颜色控制字为1时，执行；否则，反之
INC, I = 35;	小三角形自加变量1自加1
IF, I = 35, EQ, VALUE = 1, THEN;	当小三角形自加变量1为1时，执行；否则，反之
MOVL, P = 42, V = 20, BL = 0, VBL = 0, pose = 0;	运行到颜色对应放置安全点
MOVL, P = 43, V = 20, BL = 0, VBL = 0, pose = 0;	运行到颜色对应放置点上方
DOUT, DO = 0.4, VALUE = 0;	吸盘放气
MOVL, P = 42, V = 20, BL = 0, VBL = 0, pose = 0;	运行到颜色对应放置点上方
END_IF;	
IF, I = 35, EQ, VALUE = 2, THEN;	当小三角形自加变量1为2时，执行；否则，反之
MOVL, P = 44, V = 20, BL = 0, VBL = 0, pose = 0;	运行到颜色对应放置安全点
MOVL, P = 45, V = 20, BL = 0, VBL = 0, pose = 0;	运行到颜色对应放置点上方
DOUT, DO = 0.4, VALUE = 0;	吸盘放气
MOVL, P = 44, V = 20, BL = 0, VBL = 0, pose = 0;	运行到颜色对应放置点上方
END_IF;	
END_IF;	
IF, I = 3, EQ, VALUE = 2, THEN;	当颜色控制字为2时，执行；否则，反之
INC, I = 36;	小三角形自加变量2自加1

(续)

程　　序	注　　释
IF, I = 36, EQ, VALUE = 1, THEN;	当小三角形自加变量2为1时，执行；否则，反之
MOVL, P = 46, V = 20, BL = 0, VBL = 0, pose = 0;	运行到颜色对应放置安全点
MOVL, P = 47, V = 20, BL = 0, VBL = 0, pose = 0;	运行到颜色对应放置点上方
DOUT, DO = 0.4, VALUE = 0;	吸盘放气
MOVL, P = 46, V = 20, BL = 0, VBL = 0, pose = 0;	运行到颜色对应放置点上方
END_IF;	
IF, I = 36, EQ, VALUE = 2, THEN;	当小三角形自加变量2为2时，执行；否则，反之
MOVL, P = 48, V = 20, BL = 0, VBL = 0, pose = 0;	运行到颜色对应放置安全点
MOVL, P = 49, V = 20, BL = 0, VBL = 0, pose = 0;	运行到颜色对应放置点上方
DOUT, DO = 0.4, VALUE = 0;	吸盘放气
MOVL, P = 48, V = 20, BL = 0, VBL = 0, pose = 0;	运行到颜色对应放置点上方
END_IF;	
END_IF;	

表 6-8　类型 5 码垛

程　　序	注　　释
MOVL, P = 50, V = 20, BL = 0, VBL = 0, pose = 0;	运行到类型5抓取安全点
MOVL, P = 51, V = 20, BL = 0, VBL = 0, pose = 0;	运行到类型5抓取点上方
DOUT, DO = 0.4, VALUE = 1;	吸盘吸气
MOVL, P = 50, V = 20, BL = 0, VBL = 0, pose = 0;	运行到类型5抓取点上方
MOVL, P = 1, V = 20, BL = 0, VBL = 0, pose = 0;	运行到安全点
IF, I = 3, EQ, VALUE = 1, THEN;	当颜色控制字为1时，执行；否则，反之
INC, I = 35;	大三角形自加变量1自加1
IF, I = 35, EQ, VALUE = 1, THEN;	当大三角形自加变量1为1时，执行；否则，反之
MOVL, P = 52, V = 20, BL = 0, VBL = 0, pose = 0;	运行到颜色对应放置安全点
MOVL, P = 53, V = 20, BL = 0, VBL = 0, pose = 0;	运行到颜色对应放置点上方
DOUT, DO = 0.4, VALUE = 0;	吸盘放气
MOVL, P = 52, V = 20, BL = 0, VBL = 0, pose = 0;	运行到颜色对应放置点上方
END_IF;	
IF, I = 35, EQ, VALUE = 2, THEN;	当大三角形自加变量1为2时，执行；否则，反之
MOVL, P = 54, V = 20, BL = 0, VBL = 0, pose = 0;	运行到颜色对应放置安全点
MOVL, P = 55, V = 20, BL = 0, VBL = 0, pose = 0;	运行到颜色对应放置点上方
DOUT, DO = 0.4, VALUE = 0;	吸盘放气
MOVL, P = 54, V = 20, BL = 0, VBL = 0, pose = 0;	运行到颜色对应放置点上方
END_IF;	
END_IF;	

(续)

程　　序	注　　释
IF, I = 3, EQ, VALUE = 2, THEN;	当颜色控制字为2时，执行；否则，反之
INC, I = 36;	大三角形自加变量2自加1
IF, I = 36, EQ, VALUE = 1, THEN;	当大三角形自加变量2为1时，执行；否则，反之
MOVL, P = 56, V = 20, BL = 0, VBL = 0, pose = 0;	运行到颜色对应放置安全点
MOVL, P = 57, V = 20, BL = 0, VBL = 0, pose = 0;	运行到颜色对应放置点上方
DOUT, DO = 0.4, VALUE = 0;	吸盘放气
MOVL, P = 56, V = 20, BL = 0, VBL = 0, pose = 0;	运行到颜色对应放置点上方
END_IF;	
IF, I = 36, EQ, VALUE = 2, THEN;	当大三角形自加变量2为2时，执行；否则，反之
MOVL, P = 58, V = 20, BL = 0, VBL = 0, pose = 0;	运行到颜色对应放置安全点
MOVL, P = 59, V = 20, BL = 0, VBL = 0, pose = 0;	运行到颜色对应放置点上方
DOUT, DO = 0.4, VALUE = 0;	吸盘放气
MOVL, P = 58, V = 20, BL = 0, VBL = 0, pose = 0;	运行到颜色对应放置点上方
END_IF;	
END_IF;	

（八）触摸屏编程

上电时，按压触摸屏面板不放，系统启动完之后，就会出现系统设置界面，如图6-68所示。

在图6-68所示界面中单击"网络"软键，按照图6-69手动配置IP，单击"确认"键即可。

图6-68　触摸屏系统设置

图6-69　触摸屏IP设置

按照PLC触摸屏协助控制要求，可以如图6-3~图6-5所示进行控件添加。

五、问题探究——工业机器人编程

机器人编程是指为了使机器人完成某项作业而进行的程序设计，早期的机器人只具有简单的动作功能，采用固定的程序进行控制，动作适应性较差。随着机器人技术的发展及对机器人功能要求的提高，需要对一台机器人通过编制相应的程序完成多种工作，具有较强的通用性。

工业机器人编程方式一般有两种：示教编程与离线编程（见表6-9）。

表6-9 示教编程与离线编程的比较

示教编程	离线编程
需要实际机器人系统和工作环境	需要机器人系统和工作环境的图形模型
编程时机器人停止工作	编程时不影响机器人工作
在实际系统上试验程序	通过仿真试验程序
编程的质量取决于编程者的经验	可用CAD方法进行最佳轨迹规划
难以实现复杂的机器人运行轨迹	可实现复杂运行轨迹的编程

1）示教编程，操作人员通过示教器手动控制机器人的关节运动，以使机器人运动到预定的位置，同时将该位置进行记录，并传递到机器人控制器中，随后机器人可根据指令自动重复该任务。

示教编程是一项成熟的技术，是大多数工业机器人的编程方式。程序编制是在工业机器人现场进行的，主要集中在搬运、码垛、焊接等领域，特点是轨迹简单，手工示教时，记录的点较少。

2）离线编程是在专门的软件环境下，用专门或通用程序在离线情况下进行轨迹编程的一种方式。程序通过支持软件的解释或翻译产生目标程序代码，最后生成机器人路径规划数据。一些软件带有仿真功能，在计算机里重建整个工作场景的三维虚拟环境，软件根据所要加工零件的大小、形状、材料，配合一些软件操作，自动生成机器人的运动轨迹即控制指令，然后在软件中仿真与调整轨迹，生成机器人程序传输给机器人。目前离线编程广泛应用于打磨、去飞边、焊接、激光切割、数控加工等机器人新兴应用领域。离线编程克服了在线示教编程的很多缺点，充分利用计算机的运算能力，减少机器人程序的编写时间。

六、知识拓展——工业机器人系统集成介绍

1. 工业机器人的工业化模式

工业机器人系统集成商处于工业机器人产业链的下游应用端，为终端客户提供应用解决方案，主要负责工业机器人应用二次开发和周边自动化配套设备的集成，是工业机器人自动化应用的重要组成。

相较于工业机器人本体供应商，工业机器人系统集成商还要具有产品设计能力、对终端客户应用需求的工艺理解、相关项目经验等，提供可适应各种不同应用领域的标准化、个性化成套装备。从产业链的角度看，工业机器人本体（单元）是工业机器人产业发展的基础，而下游系统集成则是工业机器人商业化、大规模普及的关键。本体产品由于技术壁垒较高，有一定垄断性，议价能力比较强，毛利较高。而系统集成的壁垒相对较低，与上下游议价能力较弱，毛利水平不高，但其市场规模要远远大于本体市场。

工业机器人产业化过程中，可以归纳为三种不同的发展模式，即日本模式、欧洲模式和美国模式。

日本模式：各司其职，分层面完成交钥匙工程。即工业机器人制造厂商以开发新型机器人和批量生产优质产品为主要目标，并由其子公司或社会上的工程公司设计制造各行业所需要的机器人成套系统，并完成交钥匙工程。

欧洲模式：一揽子交钥匙工程。即工业机器人的生产和用户所需要的系统设计制造全部由工业机器人制造厂商完成。

美国模式：采购与成套设计相结合。美国国内基本上不生产普通的工业机器人，企业需要的工业机器人通常由工程公司进口，再自行设计、制造配套的外围设备，完成交钥匙工程。中国与美国类似，机器人公司集中在工业机器人系统集成领域。

2. 工业机器人集成产业的应用方向

工业机器人本体是系统集成的核心，必须与行业应用相结合。系统集成是对工业机器人本体的二次开发，工业机器人本体的性能决定了系统集成的水平。国际品牌出于对本体的理解，更清楚怎样去做整合，从而充分发挥机器人功能以达到客户的需求。因此系统集成还是以国际品牌为核心，市场大小也是按汽车、3C、金属加工、物流等技术要求高、自动化程度高的行业向技术要求较低、自动化程度较低的行业排列。

工业机器人下游最终用户可以按照行业分为汽车工业行业和一般工业行业。

汽车行业自动化程度较高，大部分外资整车厂商的生产线标准及工业机器人选型是全球统一的，国产工业机器人难有机会。而在目前国产工业机器人技术尚未完全成熟的情况下，国产整车厂也不敢贸然使用国产工业机器人完成重要工位的自动化操作。

整车厂跟工业机器人供应商往往有着一二十年的稳定关系，如大众 KUKA 和 FANUC 品牌的工业机器人，宝马、奔驰等德系用 KUKA 品牌的，菲亚特用柯马品牌的，丰田、本田等日系用安川、川崎等日资品牌，现代起亚只用现代品牌等。整车通用的机器人主要是 FANUC，白车身和冲压线主要是 ABB，涂装主要是德国杜尔。对于汽车工业这种资金、技术密集型的大工业来说，稳定性是首要的，定下来的标准不会轻易改变。主要零部件厂为保持一致性，也会优先考虑整车厂使用的机器人品牌。

汽车产业是技术密集型产业，整车厂在长期使用工业机器人的过程中也形成了自己的规则和标准，技术要求高且要契合车厂特有的标准，对系统集成商来说，构成了较高的准入门槛。此外，汽车产业系统集成对资金要求高。汽车项目普遍周期较长，从方案设计、安装调试到交钥匙往往需要半年或者一年以上，需要投入大量的人力成本。

一般工业中按照行业分类又可以分为食品饮料、石化、金属加工、医药、3C、塑料、白家电和烟草等。尤其是3C行业，我国系统集成企业具有优势：我国是全球最大的3C制造基地，自动化升级需求强劲，有望超过汽车行业成为第一大机器人市场；3C行业机器人应用多样，外资品牌难以复制汽车产业的经验应用于3C行业，国内企业已实现部分反超，是拉近差距的最好机会。

一般工业中按照应用分为焊接、机床上下料、物料转运码垛、打磨、喷涂、装配等。以喷涂应用为例，喷涂作业本身的作业环境恶劣，对喷涂工人技术的要求高，使得相关技术工人出现缺口。利用喷涂机器人进行喷涂作业，除了重复精度高、工作效率高外，还能使工人从恶劣的工作环境中解放出来。喷涂机器人已在喷涂领域引起广泛的重视，并且使用范围越来越广，从最先的汽车整车车身制造拓展到汽车仪表、电子电器、搪瓷等领域。

3. 工业机器人系统集成典型企业介绍

（1）ABB 集团

ABB 集团位列全球 500 强企业，集团总部位于瑞士苏黎世。ABB 集团由两个 100 多年历史的国际性企业——瑞典的阿西亚公司（ASEA）和瑞士的布朗勃法瑞公司（BBC Brown Boveri）在 1988 年合并而成。两公司分别成立于 1883 年和 1891 年。ABB 是电力和自动化技术领域的领导厂商，它既是机器人本体生产企业，又是机器系统集成企业。ABB 多年来强大的技术和市场积累，凭着向客户提供全面的机器人自动化解决方案，从汽车工业的白车身焊接系统，到消费品行业的搬运与码垛机器人系统，即以汽车、塑料、金属加工、铸造、电子、制药、食品、饮料等行业为目标市场，产品广泛应用于焊接、物料搬运、装配、喷涂、精加工、拾料、包装、货盘堆垛和机械管理等领域。

（2）杜尔集团

杜尔集团是活跃在全球市场的供应商，在全球 21 个国家、47 个城市分布公司机构，并在其专业市场占据领先位置。汽车行业的业务约占其总销售的 85%，杜尔也为航空航天、工程机械、化工和制药行业提供创新的制造。杜尔是喷涂系统解决方案的最优秀公司之一，提供汽车车身和底盘生产制造方面的生产和喷涂技术。

（3）德梅柯

上海德梅柯汽车装备制造有限公司始创于 2003 年，是国家高新技术企业。公司致力于为汽车行业客户提供先进的智能制造装备与系统集成解决方案，提供研发、设计、制造、项目管理、技术服务等，覆盖全项目生命周期的产品与服务。公司长期致力于白车身行业的核心技术研究并开发出适应高节拍、柔性化、高精度要求的关键设备及产品，为国内外知名车企提供白车身柔性焊装生产线、数字化工厂解决方案、智能输送装备、工厂自动化系统、机器人先进制造系统。

4. 工业机器人集成产业规模

在工业机器人领域，中国企业目前主要的竞争优势在系统集成方面，中国 80% 的机器人企业都集中在该领域，过去政府或企业都没能对系统集成应用引起重视，但这恰恰是智能制造中非常重要的一环，现在越来越多的企业开始意识到了其在获取客户、品牌推广中的重要性，应用市场逐渐被唤醒。随着系统集成商围绕机器人做整线集成，机器人等专用设备和电气原件等的价格逐年下调，国内企业凭借性价比和服务优势逐渐替代进口，市场份额稳步上升，现在已经占据了一半的市场。

汽车制造产业是机器人应用体量最大的行业，占比超过 40%，但是随着汽车行业增速放缓，冲压、焊接、涂装、总装等集成应用越来越普及，汽车集成系统已经逐渐走向红海市场，但是在 3C、物流自动化等领域依旧是一片蓝海。

工业机器人和系统集成是中国工业自动化的发展方向。为推动制造业升级，实现自动化、智能化，国家高度重视机器人产业发展，从研发、采购、应用推广等方面提供政策资金支持，但机器人无论多么优秀也绕不开系统集成企业。应用集成系统的研发，是机器人产业链上利润最高也是技术门槛最高的环节，近年来，随着工业机器人产业的火速升温，机器人系统集成行业也逐年升温。

集成系统以零配件和工业机器人为基础，是未来企业提高生产效率、增加市场竞争力的主要方式之一。一般情况下，系统集成市场规模可达机器人本体市场规模的 3 倍。2020 年，机器人本体市场规模可达 276 亿元左右，集成系统市场规模则有望接近 830 亿元，未来五年年均增速可达 20%。

5. 工业机器人集成产业现状

机器人系统集成商作为中国机器人市场的主力军，普遍规模较小，年产值不高，面临强大的竞争压力。中国机器人相关企业中系统集成商就占 88%，并且从相关市场数据看，现阶段国内集成商规模都不大，销售收入 1 亿元以下的企业占大部分，能做到 5 亿元的就是行业的佼佼者，10 亿元以上的全国范围屈指可数。

目前汽车行业的自动化程度比较高，供应商体系相对稳定，而一般工业的自动化改造需求相对旺盛。全球工业机器人集成从应用角度看，"搬运"占比最高，全球工业机器人销量中半数机器人用于搬运应用。搬运应用中又可以按照应用场景的不同分为拾取装箱、注塑取件、机床上下料等。按照应用来分，占比前三的为搬运 50%，焊接 28%，组装 9%。

6. 现阶段工业机器人系统集成的特点

（1）不能批量复制

系统集成项目是非标准化的，每个项目都不一样，不能 100% 复制，因此比较难成规模。能成规模的一般都是可以复制的，如研发一个产品，定型之后就很少改了，每个型号产品都一样，通过生产和销售就能大量复制成为规模。但由于需要垫资，集成商通常要考虑同时实施项目的数量及规模。

（2）要熟悉相关行业工艺

由于机器人集成是二次开发产品，需要熟悉下游行业的工艺，要完成重新编程、布放等工作。国内系统集成商，如果聚焦于某个领域，通常可以获得较高的行业壁垒，生存没问题，但是同样由于行业壁垒，很难实现跨行业拓展业务，通过并购也行不通，因此规模做大很难。

（3）需要专业人才

系统集成商的核心竞争力是人才，其中，最为核心的是销售人员、项目工程师和现场安装调试人员。销售人员负责拿订单，项目工程师根据订单要求进行方案设计，现场安装调试人员到客户现场进行安装调试，并最终交付客户使用。几乎每个项目都是非标的，不能简单复制。

系统集成商实际上是轻资产的订单型工程服务商，因此，很难通过并购的方式扩张规模。

总之，由于硬件产品价格逐年下降、利润也越来越薄，仅靠项目带动硬件产品的销售模式已经成为过去时，同时在基础应用方面，如搬运、码垛、分拣等进入门槛越来越低，竞争更为激烈。系统集成商与上下游议价能力较弱，毛利水平不高，但其市场规模仍远远大于本体市场。

7. 系统集成商的未来发展方向

（1）从汽车行业向一般工业延伸

我国在汽车行业以外的其他行业集成业务迅速增加，从机器人各个领域的销量可以看到,系统集成业务分布的变化。现阶段,汽车工业是国内工业机器人最大的应用市场。随着市场对机器人产品认可度的不断提高,机器人应用正从汽车工业向一般工业延伸。

我国机器人集成在一般工业中应用的热点和突破点主要集中在3C电子、金属、食品饮料及其他细分市场。我国系统集成商也可以逐渐从易到难,把握国内不同行业对机器人的不同需求,完成专业的技术积累。

(2) 未来趋势是行业细分化

机器人集成的未来趋势是行业细分化。对某一行业的工艺深入理解,有机会将机器人集成模块化、功能化,进而作为标准设备来提供。既然工艺是门槛,那么同一家公司能够掌握的行业工艺,必然也就局限于某一个或几个行业,也就是说行业必将细分化。

(3) 标准化程度将持续提高

系统集成的另外一个趋势是项目标准化程度的持续提高,将有利于集成企业成规模。如果系统集成只有机器人本体是标准的,那么整个项目的标准化程度仅为30%~50%。现在很多集成商在推动机器人本体工艺的标准化,未来系统集成项目的标准化程度有望达到75%。

(4) 未来方向——智慧工厂

智慧工厂是现代工厂信息化发展的一个新阶段,智慧工厂的核心是数字化。信息化、数字化将贯通生产的各个环节,从设计到生产制造之间的不确定性降低,从而缩短产品设计到生产的转化时间,并且提高产品的可靠性与成功率。

系统集成商的业务未来向智慧工厂或数字化工厂方向发展,将来不仅仅做硬件设备的集成,更多是顶层架构设计和软件方面的集成。

(5) 整合潮流难以抵挡

普通的机器人系统集成商难以做大,营收达到1亿元左右则面临发展瓶颈。未来的产业整合过程中工艺是门槛,能够在某个行业中深入发展,掌握客户与渠道,对上游本体厂商有议价权的标的,才能够在未来的发展中成为解决方案或标准设备的供应商。目前,低端应用竞争尤其激烈,竞相降价造成的恶性竞争日趋激烈,预计不久即将迎来整个机器人集成产业的整合浪潮。

七、评价反馈

评价反馈见表6-10。

表6-10 评价表

基本素养(30分)				
序号	评估内容	自评	互评	师评
1	纪律(无迟到、早退、旷课)(10分)			
2	安全规范操作(10分)			
3	团结协作能力、沟通能力(10分)			

(续)

理论知识（30 分）				
序号	评估内容	自评	互评	师评
1	四轴 SCARA 机器人编程与调试（5 分）			
2	六轴工业机器人编程与调试（5 分）			
3	PLC 程序编写与调试（5 分）			
4	触摸屏界面制作（5 分）			
5	虚拟仿真（5 分）			
6	伺服参数设置和视觉编程与调试（5 分）			
技能操作（40 分）				
序号	评估内容	自评	互评	师评
1	独立完成程序的编写（10 分）			
2	程序校验（10 分）			
3	手动运行程序（10 分）			
4	自动运行程序（10 分）			
综合评价				

八、练习题

某公司新进一套多品种物料转运码垛智能工作站，作为工程调试人员的您完成设备的调试工作，并优化程序流程及工艺，提高工作效率和工作质量。要求设备有如下功能。

1. 手动模式

1）通过示教器控制四轴 SCARA 机器人自动完成多品种物料的转运操作。

2）通过示教器控制六轴工业机器人自动完成规定尺寸图形的绘制和物料转运码垛。

3）通过触摸屏按键控制伺服电动机旋转（方向、角度、速度、位置清零、去使能）和视觉系统拍照，并且能在触摸屏上显示转盘的实时角度和视觉颜色检测结果（文字显示）。

2. 自动状态

1）按下急停按钮，所有信号均停止输出，松开急停按钮，复位指示灯以 1Hz 频率闪烁，按下复位按钮，复位指示灯常亮，使用示教器启动两个机器人并回安全点，夹具松开，转盘回 0°位置，复位指示灯熄灭，启动指示灯以 1Hz 频率闪烁。

2）按下启动按钮后，启动指示灯常亮，启动四轴 SCARA 机器人完成物料转运操作；同时六轴工业机器人根据任务书要求选择合适的夹具在绘图板上绘制预定的图形。

3）转盘顺时针旋转 180°，六轴工业机器人完成规定图形的绘制后，选择合适的夹具，抓取物料放在指定位置，回到安全点等待物料搬运信号。

4）视觉系统对转盘上的物料拍照并识别物料颜色，同时在触摸屏上通过图片显示物料信息（颜色、形状），六轴工业机器人根据系统设计要求抓取物料放在图样相应位置上。

5）转盘逆时针旋转 180°，重复上述动作。

6）完成 4 个物料的转运码垛后，一个工作流程结束，启动指示灯熄灭，停止指示灯常亮。

注意：

① 机器人示教编程时，运行速度最高不得超过额定转速的30％。

② 机器人自动运行时，自行优化机器人运行速度。

③ 运行时，注意自身以及设备安全，上电前确保电源正常。

3. 编程调试及运行前的准备

1）将物料按照图6-2所示位置摆放到料盘内（颜色随机放置）。

2）将环形装配检测机构的工件清空，将绘图板更换上新的B4纸张。

3）四轴SCARA机器人和六轴工业机器人各轴均处于安全位置。

4. 各模块编程及调试要求

（1）四轴SCARA机器人程序编写与位置示教

1）设置通信地址：192.168.1.61。

2）站类型：MODBUS – TCP从站。

注：四轴SCARA机器人编程需要登录管理模式，密码为000000（六个0）。

（2）六轴工业机器人程序编写与位置示教

1）通信地址已设置：192.168.1.62。

2）站类型：MODBUS – TCP从站。

注：六轴工业机器人通过示教器设置参数时，需通过系统信息中的用户权限选择出厂设置，密码为999999（六个9）。

（3）完成伺服驱动器的参数配置

伺服电动机与转盘之间的减速机的减速比为1:50。

伺服驱动器参数已恢复为出厂设置，根据任务要求修改相应的参数，完成控制要求，并与PLC进行CANLink通信。

要求：

1）设置CANLink地址为7。

2）站类型：CANLink从站。

（4）触摸屏程序的编写与调试

根据任务要求完成触摸屏程序的编写，触摸屏包含三个画面，分别为开机画面、主操作画面和转盘操作画面，分别如图6-3～图6-5所示。能够完成不同页面的切换，至少包含启动按钮、停止按钮、复位按钮、急停按钮的全部功能，实时显示转盘角度，在线修改转盘速度，在线修改加、减速时间，能准确到达0°位置和180°位置，实现转盘顺时针点动和逆时针点动（点动是指按下对应按钮后转盘保持对应方向的旋转，松开按钮时停止旋转）。能使伺服去使能，并设定当前位置为0°位置，能通过图片显示物料信息（颜色、形状）。

要求：

1）通信方式为MODBUS – TCP。

2）要求伺服电动机速度调节范围为0～800r/min。

（5）PLC程序的编写与调试

根据任务描述完成PLC控制程序的编写与调试，协调机器人、环形装配检测机构工作，完成多品种物料的转运码垛。

要求：

1）完成 PLC 与四轴 SCARA 机器人、六轴工业机器人通信程序的编写，要求采用 MODBUS-TCP 通信。

2）完成 PLC 与伺服驱动器通信程序的编写，要求采用 CANLink 通信。

3）按照手动和自动控制模式的工作流程编写 PLC 控制程序。

4）设置通信地址：192.168.1.66。

5）站类型：MODBUS-TCP 主站。

5. 手动控制模式流程（将操作面板上"手动/自动"旋钮切换至手动状态）

1）可使用示教器手动连续控制四轴 SCARA 机器人将物料从料盘搬运至环形装配检测机构指定位置（存放位置说明如图 6-6 所示）。

2）在触摸屏上可设置转盘旋转速度、点动控制，并且实时显示转盘当前位置的角度值（0°位置如图 6-7 所示）。

3）在手动控制模式下，通过离线编程，使用示教器控制六轴工业机器人按照预定图纸完成指定图形的绘制（见图 6-70）。

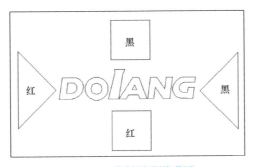

图 6-70 绘制图形说明图

4）可使用示教器手动连续控制机器人将物料转运码垛到指定位置。

5）通过触摸屏按钮控制伺服电动机旋转（方向、角度、速度、位置清零、去使能）和视觉系统拍照，并且能在触摸屏上显示转盘的实时角度和视觉颜色检测结果（文字显示）。

6. 自动控制模式工作流程（将操作面板上"手动/自动"旋钮切换至自动状态）

1）按下急停按钮，所有信号均停止输出，松开急停按钮，复位指示灯以 1Hz 频率闪烁。

2）使用示教器分别启动四轴 SCARA 机器人和六轴工业机器人，并使机器人回 Home 点。

3）按下复位按钮，复位指示灯常亮，转盘回 0°位置，复位指示灯熄灭，启动指示灯以 1Hz 频率闪烁。

4）按下启动按钮后，启动指示灯常亮，启动四轴 SCARA 机器人抓取物料，放到转盘物料存储区 A 位置（位置如图 6-7 所示）；同时，六轴工业机器人根据任务书要求选择合适的夹具在绘图板上绘制预定的图形。

5）转盘顺时针旋转 180°，A 位置进入六轴工业机器人搬运区，六轴工业机器人完成规定图形绘制后，六轴工业机器人选择合适的夹具，回到安全点等待物料搬运信号。

6) 视觉系统对转运盘上的物料拍照并识别物料颜色,同时在触摸屏上通过图片显示物料信息(颜色、形状),六轴工业机器人根据系统设计要求抓取物料放在图纸相应位置上。

7) A 位置物料转运码垛完成,转盘逆时针旋转 180°,A 位置进入四轴 SCARA 机器人操作区,四轴 SCARA 机器人在 A 位置进行转运操作(在料盘有料的前提下);

8) 往复第 5~第 7 步,直至 4 个物料全部转运码垛完成,完成后,启动指示灯熄灭,停止指示灯常亮。

9) 工作过程中按下急停按钮,所有设备均停止工作。

7. 工作效率及工作质量

根据任务描述完成相应转运码垛功能,通过优化程序流程及运行速度提高工作效率和质量。

要求(全部在自动状态下完成):

1) 能够将物料转运码垛到指定位置。

2) 设备运转稳定,无卡顿和中途停机情况。

3) 无损坏工件的情况。

4) 自行优化设备最终运行速度。

附录 工业机器人实训系统的布局及原理图

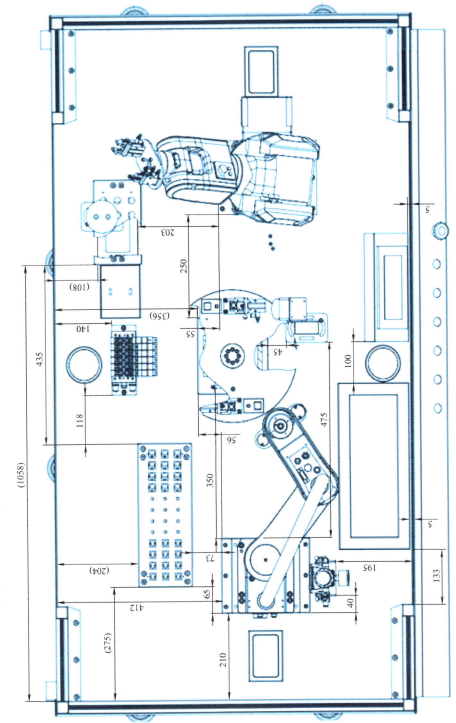

图 A-1 工业机器人实训系统平面布局图

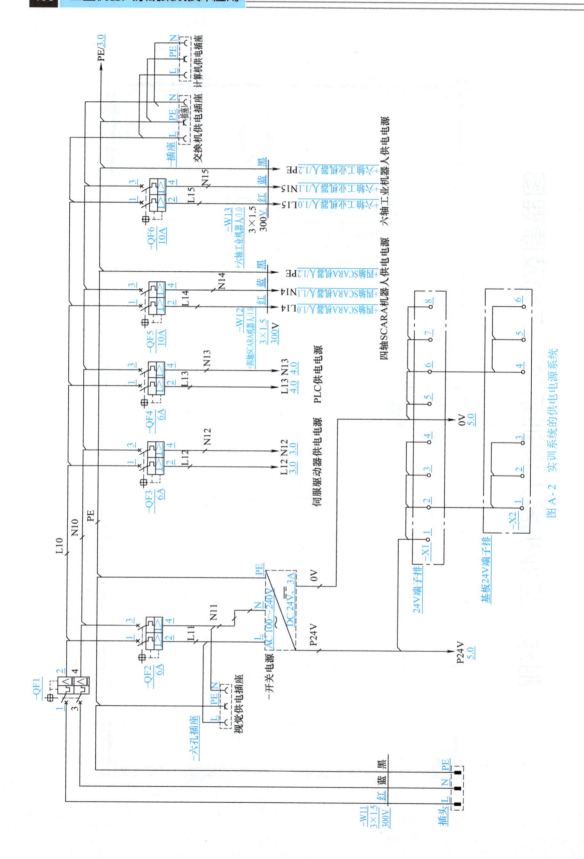

图A-2 实训系统的供电电源系统

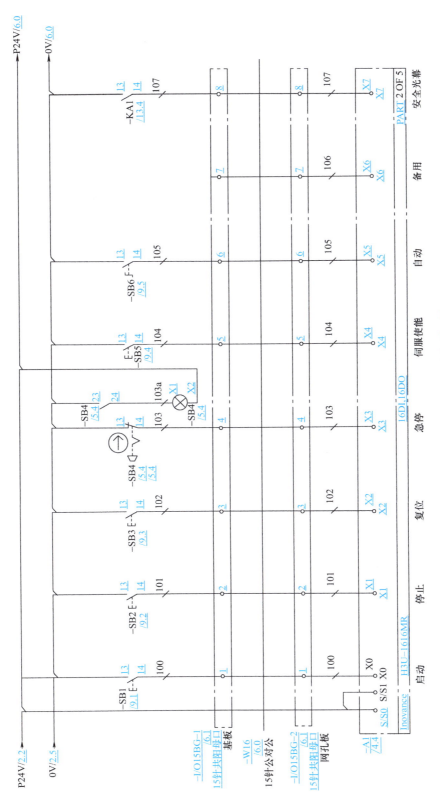

图A-3 数字量输入电气原理图

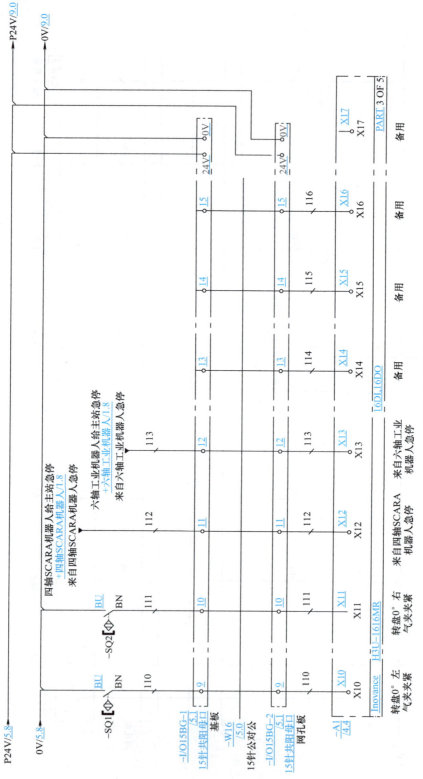

图 A-4 数字量输入2电气原理图

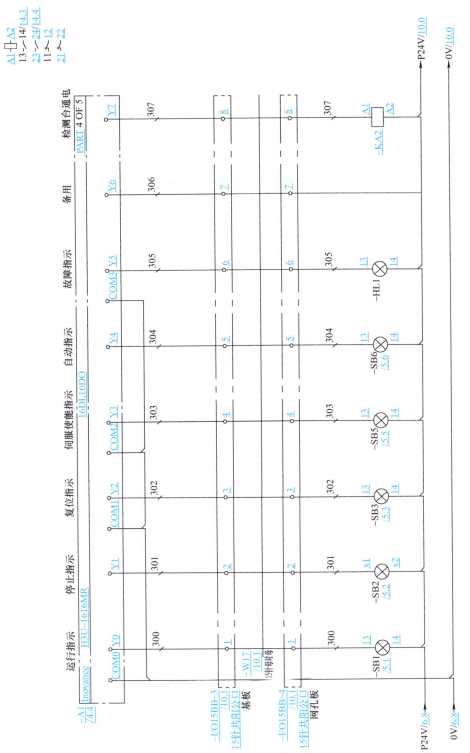

图 A-5 数字量输出1电气原理图

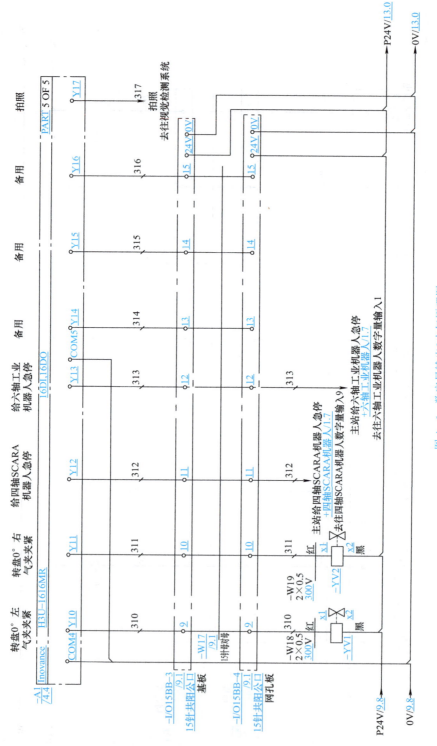

图A-6 数字量输出2电气原理图

附　录　工业机器人实训系统的布局及原理图

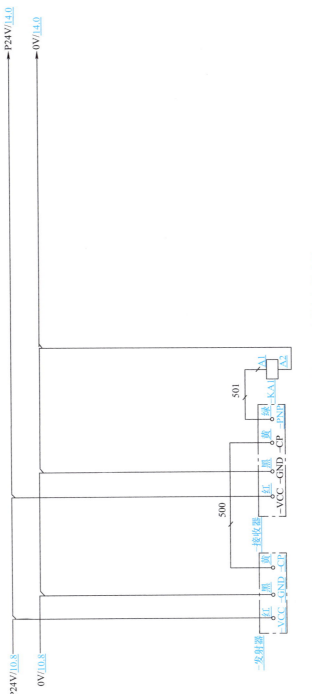

图 A-7　光幕电气原理图

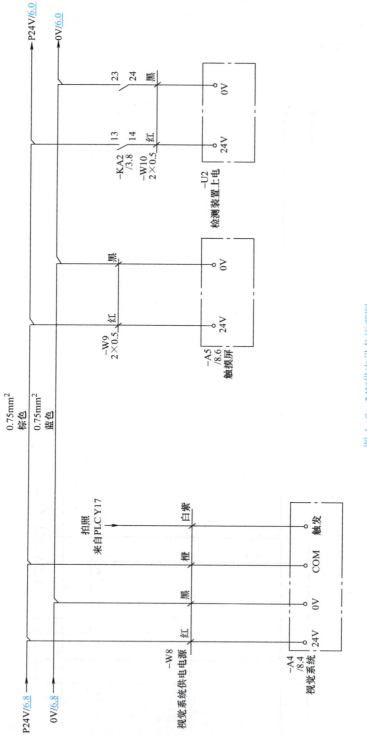

图 A-8 24V供电设备原理图

附 录 工业机器人实训系统的布局及原理图

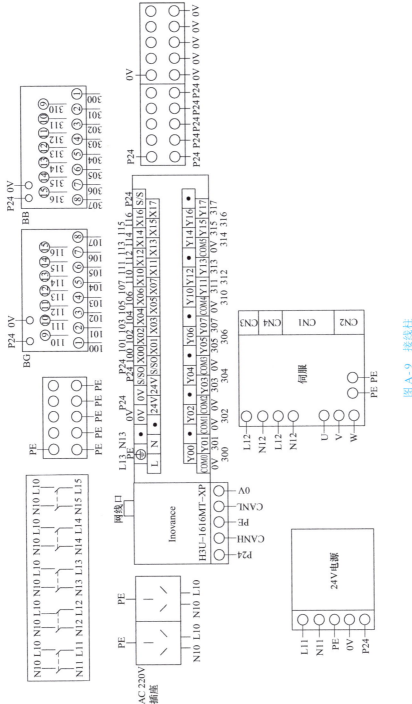

图 A-9 接线柱

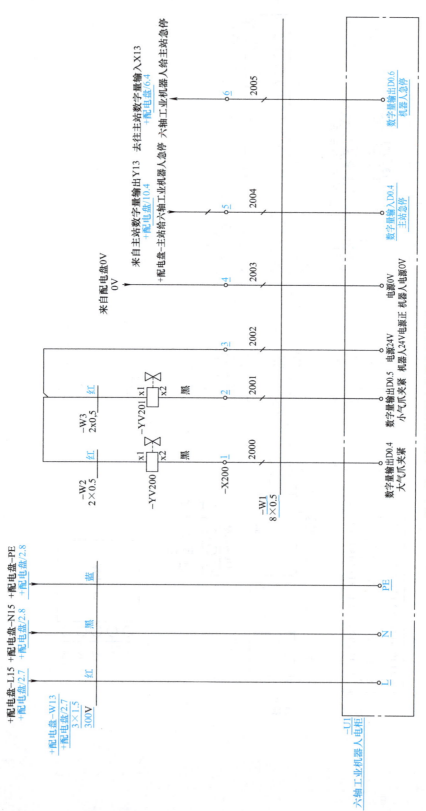

图 A-10 六轴工业机器人电源及控制信号

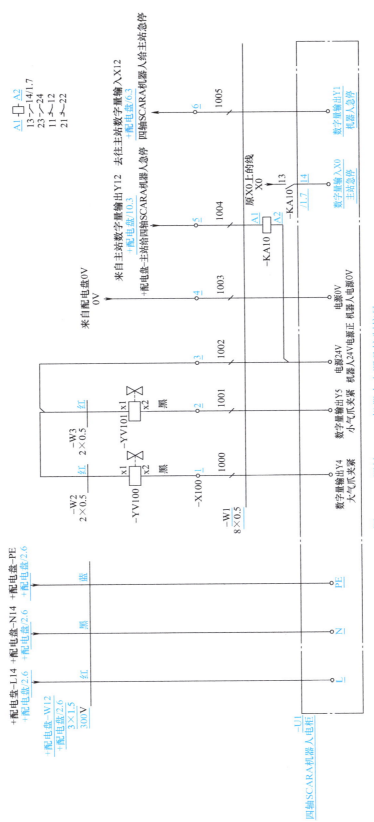

图A-11 四轴SCARA机器人电源及控制信号

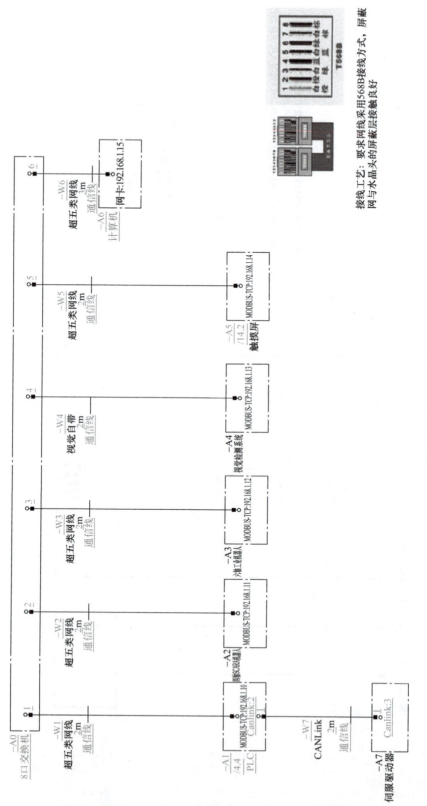

图 A-12 图络拓扑图

附 录 工业机器人实训系统的布局及原理图

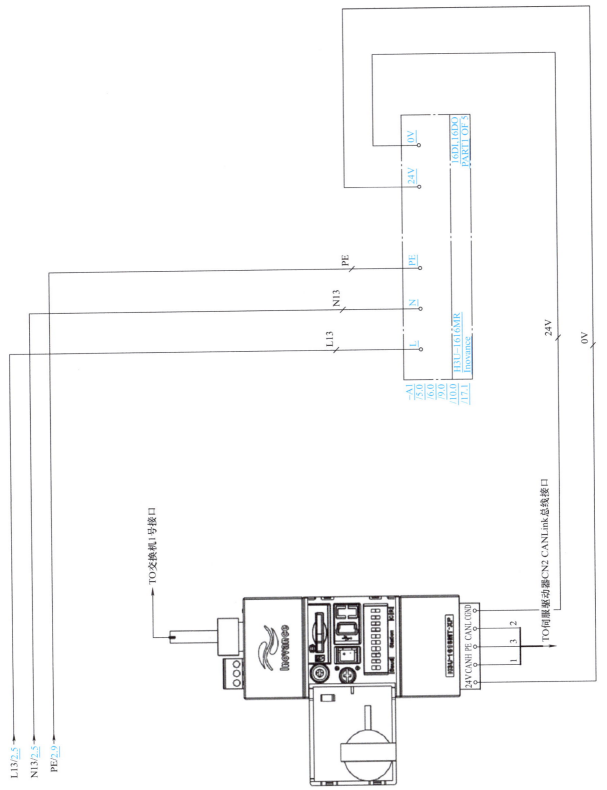

图 A-13 PLC供电

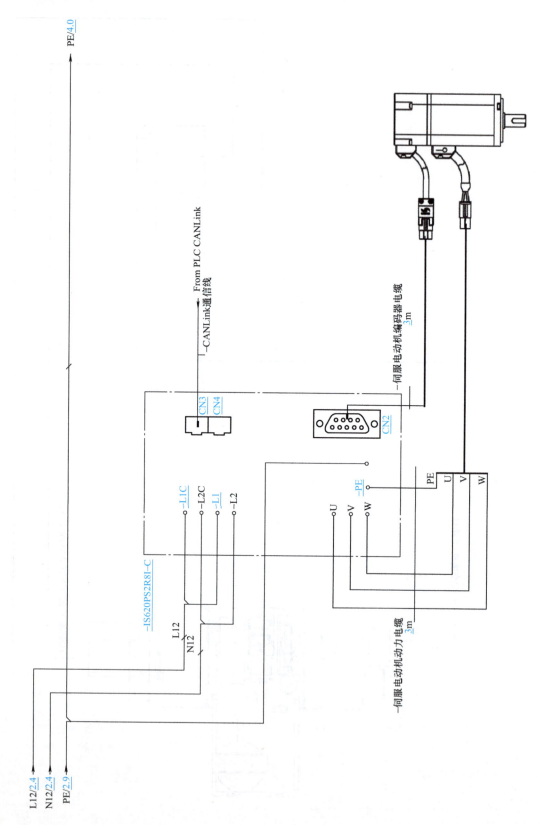

图A-14 伺服驱动器

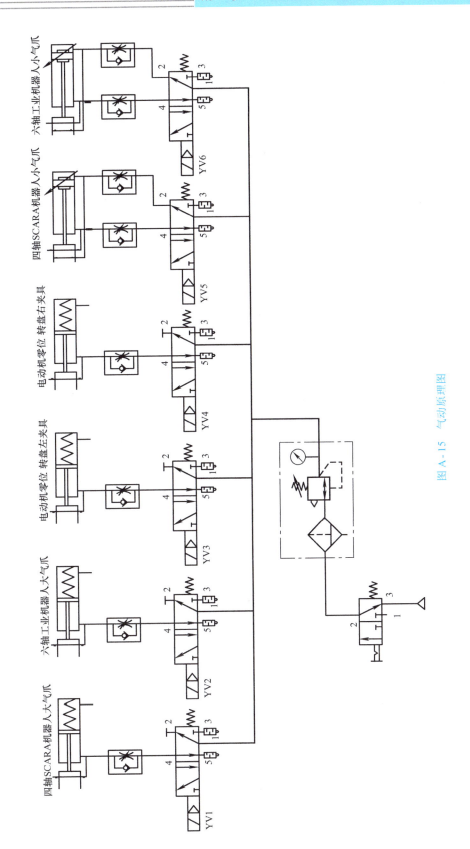

图A-15 气动原理图

参 考 文 献

[1] 宁秋平,马宏骞. 电工技术基础及应用项目教程[M]. 北京:电子工业出版社,2013.
[2] 李煜. 机械设计基础[M]. 北京:人民邮电出版社,2010.
[3] 金大鹰. 机械制图[M]. 4版. 北京:机械工业出版社,2016.
[4] 韩建海. 工业机器人[M]. 3版. 武汉:华中科技大学出版社,2018.
[5] 王亮亮. 全国工业机器人技术应用技能大赛备赛指导[M]. 北京:机械工业出版社,2017.
[6] 李瑞峰. 工业机器人设计与应用[M]. 哈尔滨:哈尔滨工业大学出版社,2017.